Visões de futuro:
responsabilidade compartilhada
e mobilização social

Márcio Simeone Henriques
Nisia Maria Duarte Werneck
(Org.)

Visões de futuro:

responsabilidade compartilhada

e mobilização social

1ª edição
1ª reimpressão

autêntica

Copyright © 2005 by Márcio Simeone Henriques
Nisia Maria Duarte Werneck

CAPA
(Sobre foto do Arquivo Projeto Manuelzão)

REVISÃO
Rodrigo Pires Paula

CONSELHO EDITORIAL
Cicilia Maria Krohling Peruzzo
Desirée Cipriano Rabelo
Márcio Simeone Henriques
Nisia Maria Duarte Werneck
Rennan Lanna Martins Mafra

2008

Todos os direitos reservados pela Autêntica Editora. Nenhuma parte desta publicação poderá ser reproduzida, seja por meios mecânicos, eletrônicos, seja via cópia xerográfica, sem a autorização prévia da editora.

Autêntica Editora

Belo Horizonte
Rua Aimorés, 981, 8º andar – Funcionários
30140-071 – Belo Horizonte – MG
Tel: (55 31) 3222 6819
TELEVENDAS: 0800 283 13 22
www.autenticaeditora.com.br
e-mail: autentica@autenticaeditora.com.br

São Paulo
Tel.: 0800 283 13 22
e-mail: autentica-sp1@autenticaeditora.com.br

Henriques, Márcio Simeone
H519v Visões de futuro: responsabilidade compartilhada e mobilização social / Márcio Simeone Henriques, Nisia Maria Duarte Werneck. — Belo Horizonte : Autêntica , 2008.

ISBN 978-85-7526-178-1

144 p. (Comunicação e mobilização social)

1.Movimento social-Brasil. 2.Cidadania-Brasil. I. Werneck, Nisia Maria Duarte. I.Título. II.Série.

CDU 316.444(81)
342.71(81)

SUMÁRIO

CAPÍTULO I
Experiências de mobilização social
e formação de espaços de interlocução............ 7

CAPÍTULO II
O Instituto Holcim
e o Programa Ortópolis............ 15

A Holcim............ 16

O Instituto Holcim............ 17

A cidade de Barroso............ 19

A teoria do Programa Ortópolis
(ortós = correta, pólis = cidade)............ 22

A prática do Programa Ortópolis............ 24

O Projeto Ortópolis, um ano depois............ 38

Metas e desafios............ 45

Fontes............ 49

CAPÍTULO III
A Aracruz Celulose e a construção
do Terminal Marítimo de Navios-Barcaça
Luciano Villas Boas Machado............ 51

A empresa............ 53

A Aracruz e o meio ambiente............ 54

A experiência da Aracruz em Caravelas............................ 55

Conclusão.................................... 70

Fontes 72

CAPÍTULO IV
A comunicação e os comunicadores
na Pastoral da Criança.. 73

Uma mobilização em favor da vida............................... 75

O que é a Pastoral da Criança 77

Compreendendo os passos da mobilização 79

Comunicação diferenciada 84

A Rede de Comunicadores Solidários à Criança.......... 89

Repercussões em outras áreas..................................... 94

Divulgando a boa notícia.. 97

Bibliografia 98

CAPÍTULO V
O Projeto Manuelzão e a Expedição
Manuelzão Desce o Rio das Velhas............................. 101

A Bacia do Rio das Velhas... 102

O Projeto Manuelzão e seu histórico 104

A expedição "Manuelzão Desce o Rio das Velhas"..... 116

Considerações finais: A expedição como uma ação
estratégica de comunicação para mobilização social... 134

Referências 137

OS AUTORES.. 139

CAPÍTULO I

Experiências de mobilização social e formação de espaços de interlocução

Márcio Simeone Henriques
Nisia Maria Duarte Werneck

A construção de uma democracia participativa no Brasil, nas últimas décadas, tem provocado o desenvolvimento exponencial das formas de organização e de articulação dos movimentos sociais e da sociedade civil em geral. Isso se dá de tal forma que alterou expressivamente o exercício da política, mais voltado para uma consciência de cidadania e que tem na mobilização dos diversos atores sociais um eixo básico para a conquista de direitos e melhoria das condições de vida.

É assim que o termo "mobilização social" ganhou terreno nos últimos anos, incorporando-se cada vez mais ao cotidiano dos cidadãos. Tanto que seu uso ganhou uma dimensão tão ampla que passou a figurar não somente no repertório dos movimentos civis mas também das esferas governamentais e empresariais.

Podemos lembrar que o termo remete à linguagem militar, referindo-se à movimentação de tropas em um território. A sua larga disseminação, no momento atual parece, entretanto, sinalizar que, no campo das lutas políticas, as conquistas não acontecem sem a movimentação dos atores sociais que, para isso, buscam adotar determinadas estratégias de ação. Por esse motivo, há que se ter enorme cuidado com aquilo que, tão facilmente, chamamos de mobilização. Sob esta denominação, muitos projetos – e processos – se confundem.

Se buscarmos, porém, delimitar e reposicionar este termo, podemos lançar nosso olhar de forma mais efetiva sobre a prática da cidadania e o exercício político contemporâneo. Sendo a mobilização um processo de convocação de vontades para uma mudança de realidade, para atuar na busca de um propósito comum, sob uma interpretação e um sentido também compartilhados[1], podemos argumentar que, quando tentamos entender esse conceito dentro do ponto de vista da cidadania e da democracia participativa, vamos encontrar uma perspectiva mobilizadora por parte de várias esferas da sociedade que, embora com objetivos e características distintas, compõem em comum um conjunto de práticas sociais que busca aumentar a potência cívica dos atores dentro do jogo político. A mobilização torna-se assim condição *sine qua non* para atingir as esferas de deliberação coletiva e, conseqüen-

---

[1] TORO, José B.; WERNECK, Nísia M. D. *Mobilização Social: Um modo de construir a democracia e a participação*. Belo Horizonte: Autêntica, 2004.

temente, para compor novos entendimentos, garantir direitos e mesmo para interferir diretamente numa realidade adversa.

Este amplo espectro contém, portanto, múltiplas experiências, para as quais os cidadãos somos insistentemente convocados à participação. De parte do Estado, a mobilização social torna-se indispensável para garantir a participação na formulação das políticas públicas, no acompanhamento da implementação dessas políticas e mesmo no auxílio a sua execução. O desenho institucional que tem sido construído no país prevê múltiplas instâncias de participação dos cidadãos. Entretanto, a complexidade dos arranjos coletivos e também das diversas causas sociais em jogo, embora permita em muitos casos a inserção de indivíduos isolados, só se torna realmente efetiva por meio da associação dos indivíduos que, em torno da causa, constituem projetos mobilizadores de forma a aumentar suas chances de visibilidade, de interferência no debate público e, conseqüentemente, ganhar força política nas esferas do poder deliberativo. Assim, é característica dos movimentos sociais e populares contemporâneos uma intensa mobilização, no sentido de arregimentar adeptos e colocar suas causas em posição de aceitabilidade e de legitimidade.

De outro lado, a amplitude do conceito de sociedade civil abarca uma série de iniciativas não-governamentais, sob os mais diversos formatos. A emergência de um chamado Terceiro Setor, que ao lado do Estado e da iniciativa privada, constitui uma outra esfera de ação coletiva – institucionalizada em base associativa – traz consigo uma demanda intrínseca por mobilização dos cidadãos em torno de causas de interesse público. Mas esta mobilização não se restringe aos atores individuais, provocando uma complexa combinação de cidadãos e instituições (com variados graus de força e representatividade), de modo que tendem a constituir extensas – e às vezes intrincadas – redes de colaboração. Aí, também se inserem as organizações empresariais que, movidas pelas demandas da responsabilidade social, são chamadas a compor algumas dessas redes de solidariedade e auxiliar na atuação em prol de causas específicas, além de assumirem, elas próprias, muitas iniciativas de relacionamento com comunidades que pressupõem o estabelecimento de um diálogo e, muitas vezes, uma abertura a projetos participativos e mobilizadores.

Sejam quais forem os formatos de um processo de mobilização social e sejam quais forem os atores envolvidos, é importante que sejam presididos por alguns princípios condizentes com uma realidade realmente democrática e a prática da cidadania. Dentre estes princípios, podemos destacar o da co-responsabilidade e o da sustentabilidade. O primeiro refere-se à possibilidade de envolver livre e autonomamente os sujeitos e as instituições nos processos de ação coletiva e de transformação da sociedade a partir de um amplo compartilhamento de sentimentos, conhecimentos e responsabilidades em relação ao que se define como problema de interesse público. A noção de co-responsabilidade não se resume ao exercício da solidariedade, do qual se alimenta, mas envolve um largo e complexo processo de coletivização das mais diversas causas sociais. Já o segundo corresponde a uma tentativa de fazer com que a ação autônoma, continuamente alimentada, possa gerar as suas próprias condições de sustentação, mantendo as possibilidades de cooperação.

Neste quadro, o olhar dirige-se para a comunicação como o processo capaz de gerar e manter os vínculos entre os sujeitos mobilizados, a causa que os mobiliza e os projetos que se instituem em torno da causa[2]. No cenário das complexas sociedades contemporâneas, a comunicação, em sentido amplo, é um elemento essencial, de tal forma que se criem condições para a expressão dos atores e, mais do que isso, o efetivo compartilhamento de discursos, visões e informações. Ao lançarmos um olhar para a mobilização como um processo comunicativo, podemos realizar uma ampla leitura sobre as estratégias destes atores e, mais do que isso, tentar compreender uma teia de relações que não se resume à circulação de informações. Trata-se de inserir a comunicação como o próprio processo de relacionamento entre os mais diversos públicos, que institui espaços e dinâmicas de conversação. Vistos dessa forma, os processos de comunicação não podem ter sua eficácia aferida tão somente pelos resultados da visibilidade, tão insistentemente perseguida no mundo contemporâneo, nem pelo efeito imediato das estratégias de divulgação. Deve ser avaliada em

---

[2] BRAGA, Clara S.; HENRIQUES, Márcio S.; MAFRA, Rennan L. M. O planejamento da comunicação para a mobilização social: em busca da co-responsabilidade. In: HENRIQUES, Márcio S. (Org.). *Comunicação e estratégias de mobilização social*. Belo Horizonte: Autêntica: 2004.

sua capacidade de gerar e sustentar as interlocuções, de favorecer o diálogo e a interação, de expor conflitos e promover acordos, enfim, de buscar fomentar o vínculo ideal da co-responsabilidade. Esta coletânea traz exemplos de projetos mobilizadores, para os quais concorre essa visão de comunicação estratégica. Os dois primeiros casos, em que empresas assumem a tarefa de estimular as comunidades, exercendo sua responsabilidade social, apontam para esta nova realidade de relacionamento e, por isso mesmo, para as novas atitudes que precisam adotar frente aos mais diversos públicos. Como os próprios casos demonstram, este campo de interlocução não é algo construído sem conflitos, dilemas e contradições. Assim, as próprias estratégias e técnicas de comunicação precisam ser vistas como algo muito mais aberto e bem menos determinado, dado o caráter dinâmico dessas ações.

O primeiro caso relata a experiência da Holcim, empresa produtora de cimento, no município de Barroso, em Minas Gerais, Brasil. Extremamente dependente da fábrica, a cidade sofreu nos últimos anos com a diminuição no número de empregos em função das mudanças na tecnologia e nos processos produtivo e administrativo. Agora, junto com o Instituto Holcim, estuda possibilidades de mudança que possam trazer de volta a Barroso seus tempos de crescimento econômico e bem-estar social. Um projeto denominado Ortópolis (ortós=correta; pólis=cidade) está sendo elaborado pela comunidade, em parceria com o Instituto.

O segundo apresenta o trabalho desenvolvido pela Aracruz Celulose no processo de negociação com a comunidade no âmbito do licenciamento ambiental das instalações do Terminal Marítmo de Navios-Barcaça, Luciano Villas Boas Machado, em Caravelas, sul da Bahia. A região onde seria instalado um terminal é muito próxima do Parque Nacional de Abrolhos, composto por ilhas com recifes, piscinas naturais e vasta fauna marinha. Anualmente, de junho a dezembro, a área é visitada por baleias jubarte que saem da Antártica à procura de águas mais quentes para sua reprodução. Temendo os riscos ambientais envolvidos, a população e as ONG's se mobilizaram, e aconteceu um processo de negociação baseado no Princípio da Precaução, ou seja, caso não fosse possível assegurar a preservação das condições de vida das espécies presentes naquele ambiente, a decisão estava tomada: aquele projeto não sairia do papel. Mas o processo de comunicação e de negociação assegurou a implementação de ações que permitiram compatibilizar a instalação do Terminal e a preservação ambiental.

Na seqüência, são apresentados dois casos bem sucedidos de mobilização, em que as ações estratégicas de comunicação operam função preponderante: a experiência da Pastoral da Criança gerou uma ação de comunicação em rede de grande alcance, envolvendo comunicadores e veículos, de tal forma que alcançou enorme repercussão nacional e reconhecimento internacional, além de fomentar a mobilização nas frentes de trabalho voluntário cuja dimensão e capilaridade impunham severos desafios. Por fim, a estratégia do projeto Manuelzão, que tem como causa a revitalização da Bacia do Rio das Velhas, em Minas Gerais, representada pela realização de uma expedição, demonstra a necessidade de realização de ações integradas que potencializem o processo de mobilização. O caso chama a atenção para as relações entre a visibilidade por meio da mídia e as possibilidades de fomentar a participação e geração de co-responsabilidade. Cremos que os casos aqui relatados podem estimular a ampliação das reflexões sobre a comunicação em processos de mobilização social e, mais além, ilustrar os desafios de comunicação com que a sociedade democrática se depara. Por isso, agradecemos às empresas e instituições envolvidas que nos permitiram a apresentação desses ricos exemplos.

CAPÍTULO II

O Instituto Holcim
e o Programa Ortópolis[1]

Cláudio Bruzzi Boechat
Letícia Miraglia
Nisia Maria Duarte Werneck

Antes mesmo de se chegar à cidade de Barroso, na região central de Minas Gerais, já é possível avistar a fábrica de cimento da Holcim. Incrustada no município, ela mostra de longe a influência que tem sobre seus habitantes.

No início da década de 1980, quando ainda pertencia ao grupo Paraíso, a fábrica era a grande empregadora de Barroso e chegou a ter cerca de 1.500 funcionários. "A cidade dependia da fábrica e a fábrica se sentia mãe da cidade. Era uma situação cômoda para a população, que não aprendeu a buscar outras alternativas de renda", explica Antonio Gabriel Cerdeira Moraes, Coordenador de Programas do Instituto Holcim.

Hoje, com 420 funcionários, e parceiros fixos, a Holcim tenta reverter práticas assistencialistas sem

---

[1] Este artigo foi originalmente escrito para reunião do Global Compact através da Fundação Dom Cabral.

deixar órfã uma cidade inteira. Mas a tarefa não é fácil. A necessidade de mão-de-obra, criada com a chegada da Paraíso, e o status atribuído aos trabalhadores da fábrica deixaram para trás atividades empreendedoras – industriais, comerciais e agropecuárias – que sustentavam a população da cidade. "As pessoas largaram tudo para trabalhar na Paraíso", lembra o empresário barrosense Célio Reis.

Novas tecnologias e mudanças no processo produtivo e administrativo fizeram com que o número de empregados diminuísse substancialmente. Alguns funcionários foram embora, outros continuaram trabalhando para a empresa Paraíso, em empresas terceirizadas, mas não havia mais demanda suficiente para absorver toda a oferta de mão de obra do município.

Com a criação do Instituto Holcim, em 2002, para fortalecer o relacionamento da empresa com a comunidade, a empresa começou a procurar maneiras de tornar Barroso menos dependente, sem com isso abandonar a cidade. Mas como ajudá-la a crescer sem interferir nas decisões sobre seu futuro? Como ensinar independência a uma população que se acostumou a depender da fábrica? Como trazer para o século XXI uma cidade que ainda espera passivamente a volta da prosperidade vivida cinqüenta anos atrás?

A Holcim

A Holcim faz parte de um dos grupos líderes mundiais na produção de cimento, concreto e agregados. Criado na Suíça, em 1912, ela hoje está presente em mais de 70 países e emprega cerca de 46 mil pessoas em todo o mundo.

No Brasil, a Holcim produz anualmente 2,9 milhões de toneladas de cimento das marcas Alvorada, Barroso, Ciminas e Paraíso nas fábricas de Barroso (MG), Pedro Leopoldo (MG), Cantagalo (RJ) e na moagem de Serra (ES). Além disso, possui 39 centrais Concretex, responsáveis pela produção de 1,4 milhões de m^3 de concreto pré-misturado por ano. Os agregados comercializados com a marca Holcim Agregados e as argamassas Holcim completam a lista de produtos da empresa.

A história do Grupo Holcim no Brasil, conhecido então pelo nome do povoado suíço que lhe serviu de origem – Holderbank, começa em 1951 com a aquisição da fábrica de cimento Ipanema, em Sorocaba (SP). Vinte e três anos mais tarde, é inaugurada em Pedro Leopoldo a Ciminas (Cimento Nacional Minas S/A), considerada modelo de tecnologia para a indústria cimenteira na América Latina.

A capacidade de produção aumentaria nos anos de 1990, com a compra das quatro fábricas do Grupo Cimento Paraíso, em julho de 1996. Com isso, a Holcim Brasil atinge uma capacidade de produção de cerca de 5,2 milhões t/ano de cimento.

O Instituto Holcim

Com o objetivo de agrupar e dar direcionamento estratégico às ações sociais já desenvolvidas pela Holcim no Brasil, em março de 2002 é formado o Instituto Holcim. Sua missão é "participar da vida comunitária, estimulando processos de aprendizagem nas áreas de meio ambiente, cidadania e empreendedorismo, para alcançar o desenvolvimento sustentável nos locais de atuação da Holcim Brasil". Sua visão é "ser reconhecido como estimulador de parcerias e articulador de redes locais para a construção de comunidades sustentáveis".

O Instituto coordena estrategicamente os investimentos sociais que antes eram desenvolvidos por cada unidade da Holcim no país. Possui um Conselho Curador formado pelos diretores da empresa e presidido por seu Presidente. Além do Conselho acompanhar as atividades desenvolvidas para certificar-se de que elas estejam em sintonia com a missão da Holcim, ele aprova o orçamento a ser destinado anualmente ao Instituto e decide quais dentre os projetos propostos serão aprovados.

Funcionários das áreas fiscal, financeira e jurídica da empresa formam o Conselho Fiscal. O cargo de presidente-executivo é exercido pelo Diretor de Recursos Humanos e o de vice-presidente executivo pela Gerente de Comunicação Corporativa. Além de um Comitê Diretivo formado por representantes de todos os negócios e unidades produtivas da Holcim, o Instituto conta com coordenação geral e de programas, além de coordenadores locais, que garantem a integração com a comunidade.

Os projetos desenvolvidos dividem-se entre as áreas de mobilização comunitária para o desenvolvimento sustentável, empreendedorismo, educação para a cidadania e educação ambiental nas localidades onde a Holcim está presente. São, de forma geral, municípios de pequeno porte, com população entre 15 e 60 mil habitantes e onde a fábrica da Holcim é uma das únicas, ou, em alguns casos, a única grande empresa da região. O Instituto privilegia ações que envolvam a organização da comunidade local em torno da definição coletiva de seus objetivos e necessidades, além da apresentação de alternativas viáveis de soluções para seus problemas. É dentro dessa filosofia que se desenvolve o Programa Ortópolis, na cidade mineira de Barroso.

A cidade de Barroso

Localizada na região central de Minas Gerais, distante 208 km da capital Belo Horizonte, a cidade ocupa uma área de 82 km² e tem população de aproximadamente 21 mil habitantes. O centro de Barroso, onde se encontra, como em quase toda cidade brasileira, uma praça e uma igreja, está a uma altitude de 925 m e as cidades próximas mais importantes são Barbacena, Tiradentes e São João Del Rei.

A arrecadação municipal em 2002 foi de aproximadamente R$ 19 milhões. A atividade industrial responde por 55% do PIB da cidade, o comércio por 44% e a agricultura por menos de 1%. As principais indústrias são de extração de minerais não-metálicos, de fabricação de máquinas e equipamentos, de produtos alimentícios e bebidas e de artefatos produzidos com minerais não-metálicos.

Emancipado há 52 anos, o município de Barroso viveu seu período mais próspero nas décadas de 1950 e 1960. Além da ferrovia, construída por D. Pedro II, a cidade possuía uma usina hidrelétrica e um setor agroindustrial desenvolvido. Apenas 30% da população vivia na cidade.

Nos anos de 1950, com a chegada da fábrica de cimento Paraíso, Barroso viveu momentos de euforia. "Foi como se tivesse vindo Papai Noel", lembra Célio Reis, que hoje é empresário, mas na época tinha outro sonho. "Quando eu era pequeno, tudo o que eu queria, como todo mundo, era trabalhar na Paraíso. Um motorista da empresa tinha mais status na cidade que um médico", conta.

No início da década de 1960, seria inaugurado o terceiro forno da fábrica e, dez anos mais tarde, o quarto. A Paraíso se tornara a segunda maior produtora de cimento da América Latina e Barroso estava cada vez mais envolvida e dependente da empresa.

Os pequenos negócios familiares, que prosperavam no início da história da cidade, não evoluíram com a velocidade necessária para fazer frente ao fascínio que exercia a fábrica de cimento. Mais que dar continuidade a uma empresa da família, os jovens queriam fazer parte do mundo da grande empresa. Os pequenos empreendimentos familiares não tiveram o embasamento que lhes assegurasse a sustentabilidade.

Quando acordaram do sonho de prosperidade, os barrosenses viram que não havia mais a hidrelétrica e a ferrovia e que o comércio e as pequenas indústrias locais estavam enfraquecidos. A Paraíso também já não crescia no mesmo ritmo e, aliado a isso, vieram as mudanças na economia e no processo produtivo e administrativo e o avanço da tecnologia. Nos anos de

1990, o Grupo Paraíso atravessava grandes dificuldades econômicas e ambientais e passou a procurar compradores para suas fábricas de cimento. Foi nesse contexto que a Holcim Brasil, em 1996, adquiriu as unidades do Grupo Paraíso, entre elas a localizada na cidade de Barroso.

A fábrica passou por ajustes de modernização de seu sistema produtivo e de controle ambiental para adequar-se às demandas de mercado e dos órgãos ambientais. Hoje, diferente de 1980, quando empregava 1.500 pessoas, a fábrica opera com aproximadamente 420 pessoas, entre empregados diretos e terceiros.

Mesmo percebendo as mudanças, a população continua esperando respostas da fábrica para seus problemas, que crescem a cada dia. "Todo mundo ficou assistindo, ninguém aceitou as mudanças e arregaçou as mangas. Os poucos que fizeram isso ficaram mal vistos. A cidade não aceita muito bem os empresários locais", explica Célio Reis. "E não acredita que as coisas podem dar certo. Eram contra a criação do Colégio São José, que hoje tem aprovação de 80% no vestibular, e contra os cursos do Senai", lembra.

O ex-presidente da Associação Comercial e Industrial de Barroso, Élber Cunha, concorda: "O empresário barrosense não acredita na cidade. Quando eu resolvi construir a minha loja, todo mundo falou que eu era louco de fazer uma coisa dessas em Barroso, que nada aqui dava certo", conta.

Para Antonio Gabriel Cerdeira Moraes, Coordenador de Programas do Instituto Holcim, os moradores da cidade ainda não conseguiram se desligar da fábrica. "Eles acreditam que a empresa vai voltar a ter 1.000, 1.200 empregados, e ficam esperando isso acontecer", explica. "Eles esperam também que a Holcim continue com as práticas assistencialistas da empresa Paraíso e pedem patrocínio para concursos, uniformes para as escolas, eventos esportivos, enfim, para tudo." Como romper com o vício do paternalismo e aplicar políticas de responsabilidade social corporativa que levem ao desenvolvimento sustentável de Barroso? Como ajudar a cidade a buscar seu próprio caminho, sem depender da fábrica? Eram esses os desafios do Instituto Holcim.

A teoria do Programa Ortópolis (ortós=correta, pólis=cidade)

Baseado em sua política de estimular o desenvolvimento independente e sustentável dos municípios onde a Holcim atua, por meio de projetos concebidos, planejados, implementados e monitorados por quem faz parte da comunidade a ser atendida, o Instituto Holcim respondeu ao dilema de Barroso com o Programa Ortópolis. O programa visa que os próprios representantes da comunidade elaborem, desenvolvam e assumam o projeto de desenvolvimento local.

A idéia era reunir a sociedade barrosense em torno da identificação dos principais problemas da cidade, do sonho coletivo de uma nova Barroso e da definição de objetivos e metas a serem alcançados para melhorar continuamente as condições sócio-econômicas e a qualidade de vida da população. São estimulados os trabalhos de mobilização, com voluntários da comunidade, parcerias com o governo, ONGs e sociedade civil organizada.

O objetivo é reverter o círculo vicioso do assistencialismo praticado pela fábrica no passado, transformando-o num círculo virtuoso de crescimento sustentável, sendo a população o agente de seu próprio processo de desenvolvimento, ao invés de mera recebedora de benefícios.

O Instituto Holcim assumiu a responsabilidade de reunir e organizar os diversos grupos da comunidade, coordenar a discussão em torno dos temas propostos e verificar a realização das tarefas definidas nas reuniões, fortalecendo e dando credibilidade ao processo. Para isso, contratou o consultor sistêmico Edgar von Buettner, responsável pela concepção deste novo enfoque de desenvolvimento local sustentável e que atua, no programa Ortópolis, como moderador e treinador.[2]

"Partindo do princípio de que não só é preciso aprender a pescar ao invés de pleitear o peixe, o Instituto promove a construção de um ambiente de cooperatividade sistêmica, destinando parte de sua verba anual às atividades de treinamento e capacitação consideradas fundamentais na concepção e implementação

---

[2] Edgar von Buettner traz em seu currículo experiências de sucesso em planejamento participativo, como, por exemplo, a coordenação de trabalhos de Planejamento Participativo e dos trabalhos de concepção, planejamento e implementação da primeira Instituição Comunitária de Crédito no Brasil, o Porto Sol de Porto Alegre, selecionada pelo Banco Mundial, em 1999 como uma das dez iniciativas brasileiras de combate à pobreza mais bem sucedidas.

do Programa Ortópolis", afirma Francisco Luiz Milani, presidente-executivo do Instituto Holcim.

O programa é desenvolvido dentro do conceito de visão sistêmica, o que significa dizer que ele promove a interação entre as diversas partes da sociedade. Assim, os diferentes setores se potencializam reciprocamente, facilitando o alcance conjunto do objetivo maior, que é o desenvolvimento sustentável de Barroso.

Um dos principais objetivos da Holcim e dos municípios envolvidos com o programa é desenvolver o espírito empreendedor, para que, por meio de novas iniciativas comerciais, industriais, agro-industriais ou de serviços, os próprios cidadãos possam gerar alternativas de renda e trabalho.

A prática do Programa Ortópolis

*O Primeiro Encontro para
a Construção do Futuro de Barroso*

Quarenta representantes da comunidade foram convidados a participar do *workshop* de planejamento estratégico, chamado de *Primeiro Encontro para a Construção do Futuro de Barroso* e realizado de 29 de setembro a 01 de Outubro de 2003.

Ainda sem saber muito bem do que se tratava e por que tinham sido convidadas, as pessoas começaram a chegar para o *Primeiro Encontro*. Homens e mulheres, jovens ou não, adversários políticos, gente ligada à Igreja Católica ou à Presbiteriana, alguns funcionários da Holcim, estavam todos reunidos para dar início à construção de um projeto comum, que lhes pertenceria doravante, do qual não seriam apenas os arquitetos e artífices mas também os donos.

"O início foi um pouco tumultuado, em parte pela imobilidade crônica da população, em parte porque ainda não sabiam do que se tratava. Ficavam perguntando qual seria o papel da fábrica", conta Gabriel Moraes. "Tinha um pouco de apatia também e um certo ranço das disputas locais. Aos poucos, foram conseguindo conversar, discutir, o Edgar estimulava e as idéias fluíam", lembra.

O primeiro passo foi um *workshop* em que o consultor explicou aos participantes os objetivos do encontro e como eles deveriam concretizar em três dias o planejamento a ser realizado. Ao final do evento e com base nos trabalhos realizados, foi elaborada a Matriz de Planejamento do Projeto de Barroso, que constituiu o Plano Estratégico, ao qual se seguiu o Plano Operacional, elaborado 30 dias depois.

Dois pontos importantes foram levantados nos primeiros passos. Primeiro que era preciso entender que não seriam apresentadas ali soluções imediatas para os problemas da cidade, mas que o evento seria um esforço conjunto de identificação coletiva dos principais problemas e busca conjunta das soluções adequadas. E também que era preciso "saber identificar e aperfeiçoar as fortalezas existentes, superar as fraquezas, aproveitar as oportunidades e neutralizar as ameaças"[3].

Após a apresentação do vídeo motivacional "O problema não é meu", os participantes foram incentivados

---

[3] Relatório do Primeiro Encontro para a Construção do Futuro de Barroso.

a levantar os aspectos positivos e negativos mostrados, elaborando dessa forma um "Contrato de Convivência" válido não só para os três dias de trabalho mas também para o relacionamento da comunidade no seu dia-a-dia. Do lado negativo foram lembrados: individualismo, comodismo, burocracia exagerada, dificuldade de assumir os erros e incapacidade de avaliar corretamente a situação. Do lado positivo: criatividade, liderança informal, trabalho em equipe, aprendizado, motivação e humildade.

Mais tarde, no primeiro trabalho em grupos, eles aprenderam a analisar um sistema, definindo a sua missão, os seus produtos e insumos e as características de gestão normativa, estratégica e operacional, por exemplo, da escola, da prefeitura, da igreja, da fábrica de cimento, da rodoviária e da coleta de lixo.

A última tarefa do primeiro dia, com o grupo já mais entrosado, foi definir como seria a Barroso dos sonhos da população, que estava ali representada. As idéias foram dividas em nove grupos: comportamento humano, habitação, educação, saúde, segurança, desenvolvimento econômico, desenvolvimento social, organização do Estado, meio ambiente e arquitetura.

No grupo de "comportamento humano", eles listaram como sonhos o respeito ao próximo, poderes independentes, éticos e eficazes, povo educado e participativo, paixão pela cidade e maior integração da Holcim com a comunidade. Mais moradias é o que esperavam no grupo "habitação", no de "educação" queriam acesso à educação de qualidade e uma Universidade em Barroso. Nos assuntos saúde e segurança,

Visões de futuro: responsabilidade compartilhada e mobilização social

pensavam que a cidade poderia ser mais segura e ter um trabalho de combate às drogas, além de um centro avançado de medicina na região.

Quando falaram de desenvolvimento econômico e social, os sonhos eram vários, entre eles: oportunidade de trabalho, melhores condições de sobrevivência, mais indústrias, apoio às pequenas empresas, inserção no circuito turístico, cursos de capacitação, implantação do agronegócio, justiça social, melhor índice de desenvolvimento humano, mais cultura, lazer e esporte.

Do Estado, esperavam mais interesse e transparência e no grupo de meio ambiente e arquitetura, queriam a cidade mais arborizada e florida, sem poluição, limpa, com arquitetura mais bonita e ruas melhores.

Com a idéia da Barroso ideal na cabeça, os participantes encerraram o primeiro dia do Encontro, após terem formulado a missão e a visão da Barroso a ser construída por toda a comunidade.

Barroso hoje, amanhã e depois de amanhã

A primeira tarefa do segundo dia era um exercício de planejamento que retomava o assunto do futuro de Barroso, do ponto em que haviam parado na véspera: um trabalho em grupo para definir como eles viam a cidade naquela época, assim como em três, cinco e dez anos no que diz respeito ao índice de desemprego, crescimento demográfico, número de empregados da Holcim, arrecadação do ICMS, nível superior de educação, número de indústrias, propriedades rurais produtivas, qualidade de vida e violência.

Os trabalhos apresentados variavam desde os mais otimistas, que previam queda na taxa de desemprego e melhoria na qualidade de vida, aos mais pessimistas, que acreditavam ser preocupante a situação da violência e ainda projetavam que ela se agravaria nos anos seguintes.

Depois de discutirem em grupos as perspectivas para o futuro de Barroso e ainda com a cidade ideal, a "cidade dos sonhos" na cabeça, os participantes do *Primeiro Encontro para a Construção do Futuro de Barroso* destacaram os principais problemas do município, que foram agrupados em 14 categorias nos painéis de visualização.

Entre elas, a que apresentou o número maior de menções foi a categoria do comportamento da população. Espíritos armados, falta de vontade, de apoio, de cidadania, individualismo, assistencialismo, baixa auto-estima, comodismo e resistência a mudanças foram alguns dos problemas relacionados. Para os participantes, a cidade tem muito potencial, mas é preciso mudar a cabeça das pessoas para que elas aprendam a usá-lo.

A inércia da população também foi citada como um problema na categoria do desemprego, ao lado da falta de indústrias e outras fontes de renda. A miséria e a fome eram as principais preocupações no assunto sobrevivência e, na educação, destacavam-se a falta de cursos profissionalizantes, de mão-de-obra qualificada, de investimento e de uma universidade, além da baixa qualidade do ensino fundamental.

Das políticas públicas, as queixas eram relativas à corrupção, pouca racionalização do dinheiro público, falta de visão empreendedora entre os políticos, alta carga tributária, burocracia e poucos investimentos em agricultura e projetos de geração de renda. Na categoria de visão empresarial, os principais problemas na opinião dos participantes do Encontro eram a falta de investimentos em agricultura e de apoio às pequenas empresas, além do atraso tecnológico e do processo de terceirização que precisaria de mais "cumplicidade" entre as partes envolvidas.

A falta de cooperativismo e de apoio às lideranças comunitárias foram apontadas como prejudiciais à cidade no aspecto do associativismo e a ausência de crédito facilitado e capacidade de investimento, no tema fontes de financiamento. Para a infra-estrutura, faltava saneamento básico e um projeto para embelezar a cidade. Sobravam buracos nas ruas.

A maior queixa na categoria saúde foi a falta de profissionais qualificados. Na de segurança, o baixo número de policiais nos bairros e na de questões sociais, com destaque para as drogas. Falou-se também da prostituição infantil, da violência doméstica e da falta de políticas sociais. No meio ambiente, eram preocupantes a poluição das águas, o soterramento de nascentes e a falta de um local adequado para o lixo.

No aspecto de cultura e lazer, os participantes reclamaram da falta de apoio ao esporte, da falta de um cinema, da falta de um teatro e da falta de áreas de lazer. No fim da reunião, que marcava o fim do segundo dia do Encontro, ficou decidido que dali pra frente eles iam tentar falar menos a palavra "falta".

A visão e a missão do Projeto Ortópolis Barroso foram retomadas no início do terceiro e último dia de planejamento da Barroso do futuro. São elas:

Visão: um município formado por pessoas que tenham uma postura cidadã consistente e cooperativa que constituam os poderes públicos, instituições sociais e organizações empresariais de excelência, articulados e comprometidos com o desenvolvimento sustentável que resulte em: resgate da auto-estima, boa qualidade de vida e justiça social, com respeito ao meio ambiente, à cultura e aos valores éticos.

Missão: possibilitar uma mudança comportamental que resulte na participação de todos os setores da sociedade na construção de uma comunidade responsável, justa, solidária e ética, buscando uma boa qualidade de vida para todos.

A Matriz de Planejamento
do Projeto Ortópolis Barroso

Tendo as 14 categorias compondo a "Paisagem de Problemas" e a visão e a missão como guia para o raciocínio estratégico, o passo seguinte era definir o Sistema de Objetivos do Projeto: Objetivo do Projeto, o Objetivo Superior, para cujo alcance o Projeto contribuirá substancialmente, e os Resultados a serem alcançados. Subdivididos em oito grupos de trabalho, os participantes elaboraram propostas de como solucionar os problemas, definindo as principais atividades necessárias para alcançar os oito resultados especificados. Estava pronta a Matriz de Planejamento do Projeto, a MPP, que tinha como objetivo superior a *qualidade de vida melhorada* e como objetivo do projeto Barroso revitalizada de forma auto-sustentável.

No primeiro grupo, o que trabalhou o "Resultado 1", chamado de R1 – Mudança Comportamental Assumida e Realizada, os desafios eram implementar o planejamento participativo, programar reuniões mensais, reunir-se com a comunidade, alocar recursos e criar uma biblioteca para a cidade. No R2 – Plano Diretor Elaborado e Implementado, propôs-se a análise do plano diretor atual, sua adequação à realidade e sua implementação.

O R3 – Empreendedorismo Difundido e Implementado selecionou como ações propostas a realização de um curso EMPRETEC do SEBRAE e do curso "Saber Empreender" da ACIB, a Associação Comercial e Industrial de Barroso, além da divulgação de linhas de crédito, expansão do projeto Empreender, capacitação de fornecedores para a cadeia Holcim e programa de modernização do comércio. No R4 – Agronegócio Desenvolvido e Implementado ficou definido que era preciso reunir produtores e procurar o apoio de instituições como SEBRAE/MG – Serviço de Apoio às Micro e Pequenas Empresas de Minas Gerais, CEASA – Centrais de Abastecimento de Alimentos, EAFB – Escola Agrotécnica Federal de Barbacena, EMATER – Empresa de Assistência Técnica e Extensão Rural de Minas Gerais, Banco do Brasil e Secretarias Estadual e Municipal da Agricultura.

O grupo R5 – Cidade Embelezada (arquitetura e paisagismo) decidiu realizar reuniões periódicas, buscar apoio da iniciativa privada, qualificar jardineiros, conscientizar a população para manutenção de casas e jardins e promover concursos de embelezamento público. Para o R6 – Modelos de Políticas Públicas Elaborados, era importante elaborar um programa de ação na área social e aplicá-lo.

No R7 – Melhoria da Infra-estrutura Instalada, as ações propostas foram o levantamento prévio das condições de infra-estrutura dos bairros, elaboração de projetos, melhoramento dos bairros, por meio da integração com associações e identificação de oportunidades de parcerias junto ao poder público e à iniciativa privada. O último grupo, R8 – Gestão Ambiental Municipal Implementada, também se propôs a buscar parcerias, além de identificar as necessidades ambientais para Barroso, conscientizar a população quanto à questão e elaborar uma agenda ambiental municipal para os próximos três a seis anos.

A escolha dos oito temas se deu de acordo com o que os participantes do encontro julgavam ser prioridade. As questões que não foram abordadas em um grupo específico, como, por exemplo, segurança e desemprego, seriam possivelmente analisadas dentro de outros temas, ou, caso houvesse necessidade, um novo grupo seria criado posteriormente.

As pessoas foram distribuídas entre os oito Rs, com base na afinidade com o assunto e disponibilidade de recursos para desenvolver trabalhos específicos para cada tema. Para cada grupo, foi eleito pela plenária um coordenador. Um ponto interessante é que dentre os coordenadores encontram-se diversos perfis: Solange, coordenadora do R1, por exemplo, é diretora do

Colégio São José e o coordenador do R7, Moacir Ferreira, pertence à Associação do Bairro do Rosário. Além dos coordenadores dos grupos, foi eleito também o coordenador geral do Projeto Ortópolis Barroso, o empresário Célio Reis.

"No início, eu achei que devia ser alguém com mais tempo, mas é muito dentro daquilo do comportamento, as pessoas ainda estão esperando que os outros façam as coisas pra elas", analisa Célio Reis. "Isso não me traz vaidade, não tenho ambições. O pessoal ficava achando que eu ia ser candidato a prefeito, mas eu não tenho a menor vontade. Queria participar porque acho que a Ortópolis é um mecanismo de reorganização da cidade", completa.

O nome do Coordenador de Programas do Instituto Holcim, Gabriel Moraes, chegou a ser considerado para ocupar o posto de coordenador geral. "Mas eu achei que não seria interessante, porque ficaria parecendo que a fábrica continuava tomando conta da cidade. Se eu não participasse, seria estranho, mas ser coordenador geral não ia ser bom", explica.

Para encerrar o *Primeiro Encontro para a Construção do Futuro de Barroso*, o Projeto Ortópolis e sua Matriz de Planejamento foram apresentados à comunidade barrosense.

"Após estes primeiros dias do Primeiro Encontro, foi interessante observar que 90% dos projetos que recebíamos anteriormente para serem apoiados pelo Instituto não fizeram parte diretamente da lista de prioridades. Isso para nós, demonstra que as solicitações anteriores eram realizadas de forma individual por grupos específicos e que representavam seus interesses próprios e não os da comunidade como um todo", destaca Angélica Rotondaro, gerente de comunicação da Holcim Brasil e vice-presidente do Instituto Holcim. O coordenador geral Célio Reis também ficou satisfeito com o Projeto. "O que eu acho fantástico nessa iniciativa do Instituto Holcim é que essa cidade tem um potencial muito grande. E só de terem conseguido, em três dias, fazer um diagnóstico de Barroso como foi feito, é extraordinário. Tinha gente na reunião que não se tolerava, mas acabaram conseguindo chegar a algumas conclusões em conjunto", analisa.

O Segundo Encontro para
a Construção do Futuro de Barroso

O *Segundo Encontro para a Construção do Futuro de Barroso* durou uma semana, de 03 a 07 de novembro de 2003. Na manhã do primeiro dia, foi feita uma reapresentação do projeto e dos participantes. Algumas pessoas que estiveram presentes no primeiro encontro não voltaram para o segundo, mas muita gente nova apareceu.

Uma dinâmica organizada pelo consultor reforçou a importância da participação de cada um para a construção do futuro da cidade. Ele avisou que inauguraria ali um quadro retratando o cidadão mais importante de Barroso e pediu que todos pensassem quem poderia ser. Depois de surgirem algumas idéias, ele chamou uma das pessoas presentes para tirar o pano que cobria o quadro e outra para identificar a pessoa retratada. Por trás do pano, estava um belo espelho em moldura dourada. A resposta tímida à pergunta sobre o cidadão mais importante deixou a mensagem de quem se via no espelho: "Neste momento, sou eu!"

O objetivo do *Segundo Encontro* era elaborar o Plano Operacional, colocar em prática as idéias listadas na MPP, a Matriz de Planejamento do Projeto que é o Plano Estratégico, desenvolvendo um Plano de Ação que é o PO, o Plano Operacional do Projeto. Cada grupo teria quatro horas, de manhã ou à tarde, para completar um quadro com as seguintes informações: atividades propostas, quem fica responsável, quando será realizada, como será realizada e como será provada sua realização.

No início das discussões, surgiam idéias variadas, que iam sendo guiadas pelo consultor Edgar até que se chegasse a uma idéia concreta e objetiva de atividade a ser realizada.

O grupo R1 – Mudança de Comportamento centralizou suas ações na comunicação e no planejamento participativo, começando por informar a população sobre a Ortópolis, com a instalação de um *outdoor* no centro da cidade e a publicação de matérias no jornal local, além de um curso-oficina de Planejamento Iterativo e Gestão Sistêmica de Projetos, coordenado pelo consultor contratado, do qual participariam 25 integrantes. O R2 – Plano Diretor contou com a participação do arquiteto Décio Catalano, que prestava assessoria para a Holcim e se dispôs, voluntariamente, a ajudar no processo de elaboração do Plano Diretor de Barroso.

No R3 – Empreendedorismo, o ponto central das discussões foi a alta tributação municipal, impedindo a constituição de um ambiente favorável para o desenvolvimento empresarial no município, e ficou decidido que uma comissão realizaria uma reunião conjunta da Prefeitura e da Câmara de Vereadores para tentar rever as taxas dos impostos cobrados. O R4 – Agronegócio deu ênfase à necessidade de abertura de microcrédito para os produtores. O gerente da agência do Banco do Brasil em Barbacena, Rogério de Mello, participou da conversa. O R5 – Cidade Embelezada decidiu criar um projeto piloto para o bairro Cibrazém, um dos mais pobres da cidade, que seria também exemplo de coleta de lixo seletiva, segundo proposta do R8 – Gestão Ambiental.

No R8 foi interessante verificar que as pessoas apresentaram exemplos de sucesso na própria cidade de Barroso, como a coleta seletiva de lixo e a horta comunitária do bairro Guimarães, propondo que eles fossem apresentados aos presidentes de outras associações de bairros em uma visita técnica, que incluiria ainda um colégio que faz trabalhos de reciclagem e a própria fábrica da Holcim.

Nesse momento, foi possível notar que havia uma mudança de visão do papel da fábrica. Ao definir as funções a serem desempenhadas para a realização da visita, cada um assumiu uma responsabilidade e, quando iam decidir o que seria oferecido pela Holcim, ao invés de pedirem ao consultor ou à vice-presidente do Instituto, que estava presente, se dirigiram a um dos integrantes do próprio grupo, que é funcionário da fábrica. Assim, do mesmo modo que a diretora da escola tentaria conseguir um café e biscoitos para o intervalo e o funcionário da Prefeitura intercederia pelo empréstimo de um ônibus, o empregado da Holcim verificaria a possibilidade de abrir a fábrica para a visita e, quem sabe, um almoço.

Dessa forma, foi possível perceber que a Holcim começava a deixar de ser a mãe da cidade para ser irmã: não era mais doadora de benefícios mas também não se ausentava da vida e das iniciativas da população. Em todos os grupos, as demandas para a Holcim foram poucas e todas dentro do que se comprometeu o Instituto, nas áreas de capacitação e treinamento.

Na tarde de sexta-feira, todos os coordenadores de cada um dos grupos e o coordenador geral apresentaram à população os resultados do Plano de Ação. O salão de festas e danceteria Skalla recebeu cerca de 100 pessoas para o encerramento do *Segundo Encontro para a Construção do Futuro de Barroso,* e o clima era de entusiasmo.

"O primeiro passo nós já demos. Estou ansioso pelos resultados, e nós temos que trabalhar para isso", afirmava Rafael Ribeiro, coordenador do R5 – Cidade Embelezada e participante do R8 – Gestão Ambiental, assim como Alysson Ferreira, que comentou: "É gratificante saber que tem tanta gente querendo ajudar, melhorar a qualidade de vida na cidade."

O consultor Edgar von Buettner reforçou sua confiança no sucesso do Projeto. "O planejamento municipal feito por leigos e que conta com o apoio de todos os setores é uma experiência única no Brasil e representa um desafio fascinante. Eles não conseguem enxergar três, cinco anos adiante, mas conseguem definir estratégias. Feito desse jeito, o planejamento pode ser mais duradouro."

O Projeto Ortópolis, um ano depois

Às vésperas de completar um ano, o Projeto Ortópolis já havia sofrido algumas mudanças e começava a comemorar a conclusão das primeiras atividades. "Está sendo muito legal", comentava o coordenador geral, Célio Reis. "A própria postura da Holcim, que era uma empresa assistencialista, agora está focada no desenvolvimento sustentável. Para mim, o grande mérito do projeto em seus primeiros nove meses foi fazer uma radiografia de Barroso e descobrir como a população queria que a cidade fosse no futuro."

No *Quarto Encontro para o Futuro de Barroso*, realizado em agosto de 2004, nove meses depois do lançamento do projeto, já era possível perceber ações concretas nos grupos de trabalho. "Estão acontecendo coisas muito interessantes", contou a coordenadora do R1 e diretora do Colégio São José, Solange Reis. "No primeiro momento, a população foi muito cética, mas à medida que as coisas foram acontecendo e que as pessoas foram sendo envolvidas, a mobilização aumentou e as resistências foram sendo derrubadas. Os resultados são bem visíveis", comemorava.

O grupo R1 – Mudança Comportamental Assumida e Realizada tem trabalhado principalmente como apoio para os outros grupos, buscando oportunidades que possam ajudá-los. Um bom exemplo de ação do R1 foi a criação, em parceria com o SEBRAE, do Telecentro, instalado no Colégio São José. Com 10 computadores e pessoal treinado, o centro serve de apoio a pequenos empreendedores e canal de comunicação e divulgação do Projeto Ortópolis, além de propiciar o treinamento e a capacitação de mão de obra qualificada na área de informática.

Também junto ao SEBRAE, foram identificadas outras oportunidades. A equipe do Projeto Ortópolis conseguiu incluir Barroso em dois projetos-piloto: o 856 e o Primeiros Passos. O primeiro é um plano de instalar em cada um dos 856 municípios mineiros um ponto de atendimento do SEBRAE. Na região, foram escolhidas como piloto as cidades de Barroso e Carandaí.

O Projeto Primeiros Passos, parceria do SEBRAE de São Paulo com a USP e a PUC-SP, visa a implantar o empreendedorismo nas escolas e já está em andamento em cerca de 70 cidades paulistas. A experiência será adaptada a cinco municípios mineiros, entre eles Barroso. A Escola São José e uma escola estadual passarão a trabalhar a visão empreendedora com seus alunos desde a adolescência.

Para a coordenadora Solange Reis, esse projeto será muito importante dentro da idéia do R1 de trabalhar o empreendedorismo e a transformação do entorno, estimulando a população de Barroso a tornar-se pró-ativa e a buscar recursos para garantir sua sobrevivência. Ela acha que, por meio de iniciativas como o Projeto Primeiros Passos, será possível começar a mudar a expectativa dos barrosenses de que a fábrica de cimento ou a prefeitura resolvam todos seus problemas.

Mas Solange reconhece que às vezes é difícil ver os resultados do trabalho do grupo. "É muito difícil avaliar mudança de comportamento", afirma. "Principalmente porque não há como definir o que é um bom padrão de comportamento. O que eu vejo é que existe uma postura nova na cidade de pensar o futuro, planejar o que vai ser feito." Outra meta do R1, no início dos trabalhos da Ortópolis, era a divulgação do projeto para a cidade. "Está bem divulgado", avalia Solange, "mas não posso garantir que esteja bem compreendido por todos. Alguns são mais céticos, outros mais entusiastas". O grande desafio, segundo a coordenadora do R1, é conquistar a confiança da faixa da população que não será beneficiada no primeiro momento.

O R2 e o R6 trocaram de lugar, e o novo R2 – Modelo de Políticas Públicas Elaborado, focado na área social, elaborou um sub-projeto ao qual deu o nome de "Projeto Aconchego", que conta com cinco resultados a serem alcançados, por intermédio de cinco grupos de trabalho: GT1 – Rede Social Configurada e Implementada, GT2 – Ambiente Familiar Saudável, GT3 – Nova Proposta Pedagógica, Objetivando uma Educação Diferenciada, Elaborada e Implementada, GT4 – Atividades Empreendedoras Desenvolvidas com a População Jovem e GT5 – R5 – Programa de Saúde Familiar Complementado.

Segundo a coordenadora do grupo, Vera Aparecida Rodrigues Pereira, os participantes do R2 decidiram centralizar suas ações no atendimento a crianças e adolescentes, com a convicção de que assim estariam ajudando de forma mais efetiva todas as camadas da sociedade. "Apresentar propostas para a área social hoje, no Brasil, é muito complicado, porque todos os setores estão carentes. Focando na criança e no adolescente, estamos atendendo também à família e, conseqüentemente, à totalidade da questão social", explica.

Vera Pereira, ou Verinha, como é conhecida por todos em Barroso, foi Secretária para a Criança e o Adolescente e Chefe de Gabinete da Prefeitura Municipal, na gestão 2000-2004. Ela conta que o trabalho do R2 começou com uma pesquisa de campo, feita nos diversos bairros da cidade. Em seguida, foi realizado um fórum que reuniu representantes das principais associações sociais de Barroso, em torno do mapeamento dos problemas enfrentados pelas crianças e adolescentes da cidade.

Para Verinha, o encontro foi muito importante porque possibilitou a melhoria do entrosamento entre as entidades. "Existe muita coisa sendo feita, mas não de forma integrada, porque as associações não conversam entre si", analisa. "Trabalha-se muito, há recursos, mas a sociedade não é atendida como poderia ser, caso estes grupos tivessem um relacionamento melhor. Com a Ortópolis, nós estamos conseguindo reunir essas entidades", comemora.

E a coordenadora afirma que as mudanças já podem ser sentidas na maneira de trabalhar das associações. "A Sociedade São Vicente de Paulo está reestruturando a forma de assistência. Hoje, ela não distribui as cestas básicas simplesmente, ela cobra como contrapartida algum trabalho social em troca. E, além disso, está desenvolvendo oficinas para criar oportunidades de geração de renda para a população de baixa renda", conta Verinha.

O R3 – Empreendedorismo Difundido e Implementado realizou, principalmente, ações de treinamento e capacitação junto à população de Barroso nos primeiros nove meses do Projeto Ortópolis. Além dos cursos motivacionais "Aprender a Empreender" e "Juntos Somos Fortes" e do treinamento de artesãos na cidade vizinha de Resende Costa, referência em artesanato na região, o grupo desenvolveu um projeto para o comércio barrosense e forneceu apoio à cooperativa do vestuário, que ganhou inicialmente o nome de Coop-Moda e agora é a Cooperativa Pano Pra Manga.

A Pano Pra Manga reúne costureiras e costureiros com conhecimento na área de confecção de roupas, mas que nunca haviam trabalhado em conjunto e não tratavam a produção com visão empresarial. O grupo começou a se reunir em janeiro de 2004 e passou por treinamento dentro do programa de Rede Associativa do SEBRAE.

"Eu comecei a trabalhar com esse grupo quando começava a haver a necessidade de modificar algumas atitudes para que as pessoas tivessem um comportamento mais empresarial", conta a coordenadora do R1, Solange Reis. "Eles começaram, então, a ter uma nova postura, primeiro com o trabalho coletivo, entendendo a importância de trabalhar em equipe. Outra coisa que amadureceu muito esse grupo foi a visão de que não dá para fazer de qualquer jeito, tem que saber planejar, conhecer o mercado."

No final, além de aprender a pensar com espírito empreendedor, o grupo havia desenvolvido um plano de negócio e estava pronto para avaliar os investimentos e saber de que maneira iriam prosseguir.

No segundo semestre de 2004, a Pano Pra Manga havia participado de várias feiras do setor, já trabalhava em um espaço próprio e tinha 24 pessoas operando 19 máquinas para atender aos primeiros pedidos, como as 500 camisetas encomendadas por um candidato a vereador. O estatuto e o CNPJ da cooperativa estão finalizados.

"O mais importante é ver as pessoas tendo a iniciativa de sair na frente buscando as oportunidades", afirma Solange Reis.

A exemplo do que aconteceu com a Pano Pra Manga, a Cooperarte e a cooperativa dos artesãos de Barroso, há a possibilidade de que o SEBRAE trabalhe mais diretamente com a cooperativa.

"A diferença entre as duas cooperativas", explica Maria Lucylene Santiago, que participa da Ortópolis e da Cooperarte, "é que a Pano Pra Manga surgiu dentro da Ortópolis e a Cooperarte já existia, e agora ela está se adequando ao Projeto". Este é um exemplo de como a população de Barroso está começando a buscar em suas próprias experiências as soluções para seus problemas.

No R4 – Agronegócio Desenvolvido e Implementado também há bons exemplos de sucesso. Foram consolidadas parcerias com a EMATER e o Banco do Brasil, e identificada a vocação da cidade de Barroso para a produção de flores, frutas e leite. Além desses produtos, cerca de 30 agricultores se dedicaram à plantação de mandioca e já fizeram a primeira colheita.

Por meio da proposição de um convênio com a Escola Agrotécnica Federal de Barbacena, a Ortópolis pretende implementar cursos técnicos de agronegócio e agricultura, além dos já existentes programas de formação em química, segurança no trabalho, enfermagem, informática, meio ambiente e gestão de negócios.

O grupo R5 – Econegócio desenvolvido e Implementado, surgido de um desdobramanto do grupo R8, tem como meta identificar e desenvolver o potencial do ecoturismo na região.

O grupo R6 – Plano Estratégico Urbano elaborado e implementado terminou a fase de levantamento de dados e pesquisa sobre os assuntos pertinentes a cada área e começaram, no segundo semestre de 2004, a planejar as ações que consideraram mais importantes para Barroso, como, por exemplo, a elaboração de projeto para a gestão do lixo, realização de palestras de conscientização da população sobre temas de interesse público, além da criação e da apresentação de uma proposta de plano diretor para a cidade.

"Até agora, o grupo R6 não andou tanto quanto seria ideal", assume Célio Reis. "Mas eu acho que vai melhorar. E se nós conseguirmos com a Ortópolis convencer a população de Barroso da necessidade de se ter um plano diretor já será um grande sucesso", completa o coordenador geral.

O R7 – Melhoria na Infra-estrutura Alcançada, o R8 – Gestão Ambiental Municipal Implementada e o R9 – Cidade Embelezada, Arquitetura e Paisagismo estão desenvolvendo, com o apoio de outros grupos, um projeto piloto no bairro Cibrazém, um dos mais pobres da cidade. Já foi realizado um workshop de planejamento das melhorias na região, além de reuniões com moradores do bairro.

Entre as ações que já estão em andamento no Cibrazém, destaca-se o treinamento de agentes de saúde, que, no segundo semestre de 2004, estavam prontos para iniciar as visitas às famílias do bairro, além de um novo projeto de geração de renda na área de alimentação. Além disso, ações ligadas à preparação de doces estão em andamento. Os interessados já estão em processo de capacitação e fizeram até treinamento com uma nutricionista.

Metas e desafios

Além dos resultados específicos de cada grupo, o sucesso do Projeto Ortópolis Barroso em seu primeiro ano de funcionamento pode ser medido por algumas mudanças significativas na cidade de Barroso. O proprietário do principal hotel, por exemplo, reformou os quartos e aumentou a diária de R$ 10,00 para R$ 60,00. Agora, os visitantes da Holcim podem se hospedar em Barroso e não mais na vizinha Tiradentes ou Barbacena. Ainda no setor de turismo, há proposta para a instalação de um restaurante mais aprimorado. A cidade, que já contava com agências bancárias, do Banco Itaú e Bradesco, ganhou outra, do Banco do Brasil.

A lista de boas notícias não pára de crescer, mas a de desafios ainda tem vários itens que merecem a atenção da Holcim e da cidade de Barroso.

Para a coordenadora do R1, Solange Reis, um dos grandes desafios do projeto Ortópolis é resolver a questão dos recursos financeiros. "É importante que haja um esforço grande das pessoas envolvidas para formalizar a Ortópolis e, por meio dela, conseguir acesso ao crédito."

Algumas ações estão sendo implementadas nesse sentido, como a da Associação Ortópolis Barroso com a Fundação Interamericana, por intermédio do Instituto Holcim, para a criação de linhas de financiamento a projetos de empreendedorismo de organizações comunitárias e a proposta de transformar a Ortópolis em OSCIP. "Precisamos materializar as idéias que estão surgindo", afirma Solange, "e para isso precisamos de recursos". "Um grande desafio é o estabelecimento de novas parcerias para concretização dos projetos propostos pelos grupos", analisa Juliana Andrigueto, coordenadora geral do Instituto Holcim.

A sustentabilidade do projeto a médio e longo prazo é outro desafio. A proposta é que o projeto seja sustentável e que dependa cada vez menos do Instituto Holcim. "Uma coisa que ficou clara desde o início do projeto é que a comunidade não anda por si só, ela precisa de alguém que a oriente", afirma o coordenador geral, Célio Reis. "Se o Instituto Holcim saísse agora, o projeto não deixaria de ser bom, mas perderia força", completa.

Quanto à participação da comunidade, o projeto Ortópolis tem um balanço positivo do primeiro ano de atividades. Alguns dos participantes iniciais continuam e outros saíram, mas o número permanece praticamente inalterado, já que muita gente passou a fazer parte do projeto no decorrer do processo. Luiz Gonzaga, Coordenador de Controle Interno da Prefeitura, é um dos novos integrantes. Ele não acreditava no projeto, mas aos poucos foi se convencendo e agora faz parte do grupo de planejamento. "Ele ficou impressionado, não imaginava que a Ortópolis fosse um trabalho tão sério", conta Vera Pereira, coordenadora do R2.

Um dos objetivos do Instituto Holcim é aumentar o número de casos como o de Luiz Gonzaga, ampliando o grau de envolvimento da população com o projeto. Para isso, será preciso mobilizar aqueles que ainda acreditam que a Ortópolis não passa de um sonho. "Quem está fora, pode achar que é uma utopia, mas quem está dentro sabe que é planejamento. É muito fácil a pessoa falar que é um sonho, que nunca vamos conseguir mudar a cidade, e continuar sentada, sem fazer nada", critica Verinha. "A Ortópolis tem o pé no chão, não é mágica. A Holcim não tem varinha de condão nem vai sair por aí distribuindo dinheiro. Nós temos que trabalhar", afirma a ex-chefe de gabinete da Prefeitura.

A coordenadora do R6, Lucylene Santiago, acredita que a população de Barroso está se familiarizando com o projeto e que, aos poucos, a participação será maior. "No início, algumas pessoas estavam com o pé atrás, mesmo entre os participantes, mas depois que o projeto decolou, que os grupos foram se reunindo, de um modo geral as pessoas passaram a acreditar e a se interessar mais", conta. "Algumas pessoas saíram porque tinham interesses individuais e quando perceberam que não iam conseguir o que queriam, desistiram. Mas quem está hoje é porque acredita no trabalho."

Para Vera Pereira, a participação seria maior não fosse o problema da disponibilidade de tempo. Ela explica que muitos interessados em participar da Ortópolis não têm flexibilidade no emprego e, portanto, acabam não freqüentando as reuniões. "Tem gente muito boa na comunidade, que poderia dar uma contribuição excelente para o projeto, mas não participa por falta de tempo", comenta.

Célio Reis acredita que a Ortópolis tem boa aceitação na comunidade, por intermédio de participantes ligados a diversos movimentos religiosos de Barroso. Assim, segundo o coordenador geral, os objetivos apresentados nas reuniões de planejamento estratégico são objetivos populares e não elitistas. "É a base da pirâmide falando o que quer", analisa. "O que falta é o topo da pirâmide escutar", completa, pedindo mais apoio das elites econômica, política e sócio-cultural da cidade.

Entre pontos positivos e negativos, Célio já considera a experiência um sucesso. "Eu em momento algum achei que não fosse dar certo", afirma. "A Ortópolis marca a história de Barroso", exalta o coordenador geral. "Agora é uma questão de a turma pegar os projetos e tocar pra frente."

"Quem está dentro do processo muitas vezes não visualiza o quanto já caminhou. Existe um tempo de amadurecimento natural do projeto. A Ortópolis Barroso é jovem. Há muito que fazer. Porém, mesmo nesses poucos 18 meses gosto de destacar dois indicadores não-mensuráveis – o primeiro é que a Ortópolis sobreviveu a primeira mudança de Prefeito, o que demonstra que é um projeto da comunidade e não da gestão em curso. O segundo é a postura, física mesmo, dos cidadãos de Barroso – cabeça para cima e olhar confiante. Com isso, temos o recurso mais importante. A mobilização dos barrosenses, ou melhor, dos Ortopolitanos de Barroso é admirável", ressalta Angélica Rotondaro, gerente de comunicação da Holcim Brasil e vice-presidente executiva do Instituto Holcim.

"O projeto necessita de tempo para amadurecer. Continuamos recebendo muitos pedidos de ajuda por parte da comunidade e entidades. Mas, acredito que à medida que o projeto avance, essas demandas tenderão a diminuir", conclui Paulo Roberto Zscaber, gerente da fábrica Barroso.

Fontes

Entrevistas

Francisco Milani – Presidente do Instituto Holcim s.a.
Angélica Rotondaro – Vice Presidente Executiva do Instituto Holcim
Juliana Andrigueto – Coordenadora Geral do Instituto Holcim
Paulo Roberto Zscaber – Gerente da Fábrica Barroso
Edgar von Buettner – Consultor em Planejamento Iterativo e Gestão Sistêmica de Projetos e responsável pela concepção do Programa Ortópolis
Antônio Gabriel Moraes – Coordenador de Programas do Instituto Holcim

Célio Reis – Empresário, escolhido pela comunidade como Coordenador Geral do Projeto Ortópolis

Solange Reis – Professora, diretora da Escola São José e coordenadora do grupo R1 – Mudança de Comportamento

Maria Lucylene Santiago – Coordenadora do grupo R6

Vera Aparecida Rodrigues Pereira – Coordenadora do grupo R2, secretária para a Criança e o Adolescente e chefe de gabinete na gestão 2000-2004, Participação nos encontros preparatórios e no Segundo Encontro de Planejamento do Futuro de Barroso

Documentos

Relatório de Sustentabilidade Holcim 2002

Site da Assembléia Legislativa de Minas Gerais – www.alemg.gov.br. Consultado em dezembro de 2003.

Marco referencial do Programa Ortópolis, Instituto Holcim, São Paulo, 2003.

CAPÍTULO III

A Aracruz Celulose e a construção do Terminal Marítimo de Navios-Barcaça Luciano Villas Boas Machado[1]

Cláudio Bruzzi Boechat
Leticia Miraglia
Nisia Werneck

Quando a Aracruz Celulose anunciou a construção de um terminal marítimo em Caravelas, na Bahia, a população se dividiu. Para alguns, a notícia trazia esperanças de que a cidade, que já fora uma das mais importantes do sul do Estado, voltasse a crescer. Para outros, ela gerava preocupações de que a chegada da empresa abalasse o meio ambiente da região, um dos mais ricos do país.

A cidade está muito próxima do Parque Nacional Marinho de Abrolhos, um conjunto de cinco ilhas com recifes, piscinas naturais e vasta fauna marinha. Anualmente, a área é visitada por baleias jubarte, que saem da Antártica à procura de águas mais quentes para sua reprodução.

---

[1] Este artigo foi originalmente escrito para reunião do Global Compact através da Fundação Dom Cabral.

O projeto do terminal marítimo representaria para a Aracruz a diminuição dos gastos no transporte da madeira a ser utilizada em sua fábrica do Espírito Santo. Para a comunidade, geraria cerca de 300 empregos na fase de construção e 600 postos de trabalho diretos e indiretos quando em operação. Além disso, reduziria o tráfego de carretas nas estradas da Bahia e do Espírito Santo. Mas o investimento de US$ 51 milhões poderia nem sair do papel se as ameaças ambientais fossem comprovadas.

O que fazer para conhecer a extensão dos riscos ambientais? Era possível evitá-los ou minimizá-los? O que a empresa deveria fazer para trazer a comunidade para o processo de discussão? Se ela não conseguisse convencê-los, mesmo com as licenças necessárias, valeria a pena construir o terminal?

Foi assim, com muitas perguntas, que a Aracruz começou seu trabalho em Caravelas. Os primeiros encarregados de respondê-las foram o gerente florestal Tadeu Mussi de Andrade, responsável pelos estudos de viabilidade técnica e financeira da obra, e o gerente de Transporte e Movimentação de Madeira, Fábio Velloso, que em 1998 começaram o trabalho de reconhecimento na pequena cidade baiana. Com o estudo aprovado pelos acionistas da Aracruz, em novembro de 2001, o gerente de Meio Ambiente e Segurança Industrial da empresa, Alberto Carvalho de Oliveira Júnior, e o diretor de Meio Ambiente e Relações Corporativas, Carlos Alberto Roxo, passaram a trabalhar no processo de licenciamento.

A empresa

A Aracruz Celulose (www.aracruz.com.br) é líder mundial no mercado de celulose branqueada de eucalipto, utilizada na fabricação de diversos tipos de papéis. Ela é responsável por cerca de 20% da produção internacional. Mais de 95% do que a empresa produz é exportado para Europa, América do Norte, América Latina e Ásia.

Composto por três unidades de operação, seu complexo fabril em Barra do Riacho (Espírito Santo) é o maior do mundo no mercado de celulose, com capacidade para produzir 2 milhões t/ano. A fábrica de Guaíba (RS) responde pela produção de outras 400 mil t/ano. A Aracruz Produtos de Madeira, unidade industrial destinada à fabricação de produtos sólidos de madeira, em Nova Viçosa (BA), e os terminais marítimos de Portocel (ES) e Caravelas (BA) completam o sistema operacional da empresa.

As áreas florestais da Aracruz, divididas pelos Estados do Espírito Santo, Minas Gerais, Bahia e Rio Grande do Sul, ocupam 363 mil hectares. Destes, 242 mil são destinados ao plantio de eucalipto e 121 mil representam reservas nativas de propriedade da empresa, respeitando uma política interna de manter um hectare de floresta nativa para cada dois hectares de plantação de eucalipto.

Seu controle acionário é exercido pelos grupos Lorentzen, Safra e Votorantim, com 28% das ações ordinárias cada, e pelo Banco Nacional de Desenvolvimento Econômico e Social, BNDES, com 12,5%. As ações preferenciais da empresa, que representam mais de 50% do total, são negociadas nas Bolsas de Valores de São Paulo, Nova York e Madri. Estar sediada no Brasil é uma vantagem competitiva para a Aracruz. O país é responsável por mais de 50% da celulose branqueada de eucalipto produzida no mundo. E a tendência é o crescimento de sua importância nesse mercado. Isso porque a produtividade das florestas plantadas nos trópicos é significativamente maior do que as do hemisfério norte.

A Aracruz e o meio ambiente

A demanda mundial por papel é crescente. E sua fabricação se dá a partir da madeira. No hemisfério norte, a maior parte da celulose produzida continua a provir de florestas nativas. No Brasil, entretanto, toda a indústria produz exclusivamente a partir de florestas plantadas. A Aracruz desenvolveu a tecnologia que viabilizou plantios comerciais clonais de eucalipto para a produção de celulose utilizada na fabricação de papéis de primeira linha.

Por essa história de alta demanda por madeira e tecnologias de manejo ainda incipientes, o setor de celulose teve um relacionamento com os ambientalistas bastante tumultuado. O desenvolvimento de novas técnicas de manejo e monitoramento contribuiu para que o diálogo começasse a ocorrer de forma mais interativa.

O Sistema de Gestão Ambiental da Aracruz é certificado pela ISO 14001 desde 1999 e renovado regularmente. Além da manutenção de um hectare de área florestal nativa para cada dois hectares de plantio de eucalipto, a empresa realiza projetos de monitoramento ambiental em suas reservas e nas proximidades de suas instalações.

Nos últimos dez anos, o investimento em equipamentos e tecnologias de última geração possibilitaram à Aracruz atingir melhora significativa nos principais indicadores de ecoeficiência na produção de celulose. O processo de branqueamento da polpa, que antes era feito com uso de cloro, foi modificado. Havia sido comprovado o impacto ambiental dessa tecnologia em outros países onde era utilizada, mas cujos efluentes eram lançados em ecossistemas fechados, como lagos e lagoas. Embora não tenham sido comprovados impactos no caso brasileiro, optou-se pela substituição da tecnologia.

A experiência da Aracruz em Caravelas

Chegamos a Caravelas, com a missão de conhecer e relatar a experiência da Aracruz na cidade. Começaríamos entrevistando o Gerente de Meio Ambiente e Segurança Industrial da empresa, Alberto Carvalho de Oliveira Filho, que participou da experiência do processo de implementação do Terminal.

"Quem primeiro vislumbrou esse projeto foi o sr. Erling Lorentzen, que é um grande líder e um dos maiores ambientalistas que eu conheço." Alberto começa a nos contar a história, elogiando um dos acionistas da empresa. "A fábrica A, em 1978, já foi construída com base no conceito de desenvolvimento sustentável, quando pouca gente sabia o que era isso. Ele é presidente do Conselho há muitos anos e um homem de muita visão", continua. "Em uma de suas viagens por aqui, o sr. Lorentzen comprou o terreno onde hoje é a Aracruz, pensando no transporte marítimo", conta.

A empresa já possuía algumas áreas de plantio na Bahia quando uma lei no Espírito Santo a proibiu de ampliar suas plantações de eucalipto no Estado. Os investimentos para aumentar a produtividade nas áreas já plantadas e a idéia de aumentar as plantações na Bahia ganharam importância. Mas havia a preocupação com o transporte. "Um dos riscos era a rodovia federal ser privatizada. Com pedágios, o preço do transporte subiria muito. A construção da fábrica C aumentava a demanda por madeira e levá-la por terra seria inviável. Não só o custo ia ser alto como a estrada ficaria extremamente congestionada, com cerca de 500 carretas da Aracruz por dia", explica Alberto.

Era preciso viabilizar um modal novo, que reduzisse custo, evitasse acidentes e congestionamentos nas estradas. Diante desse desafio, a direção da Aracruz decidiu que era hora de colocar em prática a idéia do transporte marítimo e formou uma equipe para estudar a viabilidade do projeto. Em 1998, o gerente florestal Tadeu Mussi de Andrade e o gerente de Transporte e Movimentação de Madeira, Fábio Velloso, começaram os estudos técnicos e financeiros para verificar se seria viável a instalação do terminal marítimo em Caravelas.

Concluída a primeira etapa de análises, o projeto foi apresentado aos acionistas da Aracruz, que o aprovaram. Começava, então, o processo de licenciamento, que dependia diretamente da aprovação de órgãos

Visões de futuro: responsabilidade compartilhada e mobilização social

ambientais. "Foi quando eu entrei no circuito", lembra Alberto de Oliveira.

Nesse momento, somos interrompidos por Ismail, funcionário da Aracruz, companheiro de Alberto no trabalho de licenciamento. Trazia para o amigo um presente, para lembrar dos "velhos tempos": um budião, peixe muito comum no sul da Bahia, para ser preparado para o jantar. Alberto pediu que o peixe fosse colocado no tempero enquanto ele nos contava aquela história.

Aracruz apresenta o projeto à comunidade

Para viabilizar as operações, seria necessário construir, além das instalações do porto no Rio Caravelas, um novo canal de acesso do rio ao mar, com 3,8 km de comprimento, 90 m de largura e 5 m de profundidade. Duas dragas retirariam um volume de 880 mil m³ de sedimentos do fundo do mar. Essa obra, projetada pelo Danish Hydraulic Institute, DHI, um dos três principais centros de estudos de hidráulica do mundo, era imprescindível porque o acesso existente só poderia ser utilizado pelas barcaças durante a maré alta.

"Sentimos que quando a comunidade percebesse que teríamos que fazer a dragagem poderia reagir de forma negativa. Viemos conversar com o prefeito para mostrar o projeto para todo mundo, porque achávamos na Aracruz que seria importante fazer isso antes mesmo de dar início ao processo de licenciamento", analisa o Gerente de Meio Ambiente e Segurança Industrial.

"Reunimos cerca de 400 pessoas no clube dos 40 (maior espaço de eventos da cidade) e fomos lá mostrar o projeto. Mas ainda tínhamos pouca informação nesta época. Esse foi talvez o nosso principal erro.

Devíamos ter nos informado melhor antes de mostrar o projeto", admite. "Eles perguntaram, por exemplo, qual seria a velocidade da barcaça e nós não sabíamos, aí alguém falou 48 nós, que é uma coisa absurda, quatro vezes a velocidade real, e as pessoas que estavam assistindo ficaram impressionadas."

Mas a população não parecia muito preocupada com a velocidade da barcaça. "O que aconteceu foi que a comunidade vibrou, porque viu o terminal como uma chance de trabalho, além da possibilidade de aumentar a arrecadação de impostos", conta Alberto. O vereador Hideraldo Beline Passos confirma: "A cidade esperava uma coisa assim, para acabar com o marasmo. Caravelas já teve transporte de madeira, sal, café, teve porto, aeroporto, estrada de ferro, aos poucos fomos perdendo tudo. Estava fadada a ser uma cidade fantasma. A população inteira queria o terminal."

"Mas as ONGs caíram em cima", Alberto continua, lembrando da reunião com a comunidade: O Instituto Baleia Jubarte, o IAPA, a Patrulha Ecológica e a Conservation International. "O Instituto Baleia Jubarte jogou duro demais. Eles falavam que o projeto era inviável, que essa região era sagrada e precisava ser preservada. E nós não sabíamos ainda o que dizer. Foi quando começamos a perceber que eles também tinham poucas informações e que faltavam estudos sobre a região. Então a Aracruz se comprometeu a dar todas as respostas para as questões que fossem levantadas."

A partir daí, Alberto explica que a participação das ONGs passou a ser importantíssima, porque eram elas que colocavam as questões, e a Aracruz, assumindo como seu o risco ambiental, se empenhava em buscar respostas consistentes que as satisfizessem.

Primeiro desafio: os corais

A principal preocupação no primeiro momento era com os corais da região, que poderiam ser atingidos por sedimentos durante o processo de dragagem. Estudos do Danish Hydraulic Institute apontavam que não havia riscos. Mesmo assim, a Aracruz começou a monitorar a influência da dragagem nos corais.

"Nos comprometemos com os ambientalistas e com a população de Caravelas que se houvesse qualquer ameaça, nós íamos desistir. Uma das ONGs chegou a procurar o sr. Lorentzen durante o processo e ele garantiu que se ficasse comprovado que a obra causaria qualquer dano, ele próprio cancelaria o projeto", lembra Alberto.

"Saímos, então, para procurar os maiores especialistas em corais do Brasil. Descobrimos que eram dois: a professora Zelinda, da Universidade Federal da Bahia, e o professor Clóvis de Castro, da Universidade Federal do Rio de Janeiro. Fui conversar com eles e a profa. Zelinda disse que aceitaria ver o projeto, mas que não trabalharia para a Aracruz, porque não trabalha para empresa nenhuma. O prof. Clóvis de Castro disse que aceitava, mas avisou que o que ele escrevesse era definitivo e seria aceito e publicado sem modificação. A Aracruz aceitou a exigência dele e nós o trouxemos para Caravelas", conta.

Teve início então o processo de monitoramento que verificaria os riscos que corriam os corais da região caso acontecessem as obras de dragagem. Por sugestão do professor Clóvis de Castro, os corais ao norte de Caravelas também seriam monitorados, apesar de a corrente marítima ser no sentido de norte para sul e, portanto, a dragagem apresentar maior risco aos corais ao sul da cidade, como Nova Viçosa e Sebastião Gomes.

O monitoramento é feito da seguinte maneira: coloca-se um copo no recife, depois ele é retirado, levado para o laboratório e seu conteúdo é analisado. Caso apresente sedimentos semelhantes aos retirados na região da dragagem, fica comprovado que a obra pode prejudicar o coral. As principais ONGs do sul da Bahia, ainda céticas, acompanhavam de perto o processo.

Quando acabamos de receber esta aula sobre monitoramento de corais, fomos interrompidos pelo garçom do hotel, que veio nos avisar que o budião já estava no tempero e que a grelha em que o peixe seria preparado estava na churrasqueira. Perguntava ou se queríamos beber alguma coisa. Agradecemos e continuamos a conversa.

A parceria com o Instituto Baleia Jubarte

"As ONGs estavam unidas e parecia que só queriam achar argumentos contra o projeto", conta Alberto, com mais orgulho de a empresa ter superado o desafio que ressentimento. "Mas, quando trouxemos o professor Clóvis, o Instituto Baleia Jubarte viu que o trabalho da Aracruz era sério e decidiu que queria ler o projeto", recorda.

"Na época existiram opiniões contrárias à nossa participação, porque a imagem de empresa no Brasil, até pela própria história das empresas, não é muito boa. Mas nós resolvemos internamente a questão e decidimos participar", conta Valério Arbex, administrador do Instituto Baleia Jubarte. "Nós vimos que a Aracruz tinha uma preocupação que ia além das exigências do Ibama, se preocupava com a imagem da empresa. Nossa intenção era ajudar a minimizar o impacto do terminal, porque algum impacto sabíamos que ia ter", completa.

"Para nós, o importante é termos autonomia. Temos patrocínio da Petrobrás e já nos manifestamos contra a exploração de alguns blocos que, na nossa opinião, seriam prejudiciais ao meio ambiente. A Aracruz também nunca pediu que mudássemos um relatório", conta Valério.

A primeira questão levantada pelo Instituto foi sobre a rota das barcaças. Eles temiam que elas causassem desconforto às baleias ou que ocorressem atropelamentos. A Aracruz se ofereceu, então, para financiar estudos que possibilitassem ao IBJ determinar a melhor rota para os navios-barcaça e garantiu que seria seguida a rota indicada.

Começava ali uma parceria que ajudaria os biólogos a conhecer melhor os hábitos das baleias Jubarte e Franca, que costumam freqüentar o litoral do sul da Bahia e norte do Espírito Santo todos os anos, de julho a dezembro. A Jubarte é a quinta maior espécie de baleia no mundo e está ameaçada de extinção.

Com um investimento de R$ 700 mil (aproximadamente US$ 240 mil) em seis meses, os pesquisadores tiveram condições de fazer um estudo completo, que contava com sobrevôos, para que fosse feita a contagem de baleias, e cruzeiros de barco para identificação de cada uma delas, a partir da cauda, que é, para essa espécie, como uma impressão digital. De posse dos resultados desses estudos, o Instituto Baleia Jubarte conseguiu definir as rotas seguras pelas quais os navios-barcaça deveriam navegar.

"Aumenta o nosso custo e o tempo de viagem, mas seguimos a rota direitinho. Mesmo sabendo que um acidente com baleia é muito raro, que a Aracruz tem apenas três barcaças enquanto cerca de 3 mil navios passam por essas águas todo mês e nada acontece, não vamos arriscar", explica Alberto.

A fase de licenciamento

"Então com a parceria com o IBJ as coisas ficaram mais tranqüilas?", perguntamos. "Não, o licenciamento foi bem complicado", lamenta o gerente de Meio Ambiente e Segurança Industrial. Em reunião com o Centro de Recursos Ambientais, CRA, órgão estadual, e o Instituto Brasileiro do Meio Ambiente e dos Recursos Naturais Renováveis, IBAMA, órgão federal, ficou decidido que a licença para a dragagem seria de responsabilidade do IBAMA e a do porto ficaria a cargo do CRA.

No primeiro projeto do terminal entregue ao Centro de Recursos Ambientais, estava prevista uma barragem de pedras (enrocamento), que destruiria parte do manguezal da região. Os técnicos do CRA foram imediatamente contra, o que levou a Aracruz, em parceria com a Jaakko Poyry Tecnologia, empresa responsável pelo projeto do porto, a mudar de idéia e substituir

Visões de futuro: responsabilidade compartilhada e mobilização social

o enrocamento por uma ponte sobre o manguezal. O custo foi maior, mas com essa atitude eles conseguiram suavizar a oposição dos técnicos do CRA e minimizar os impactos.

O EIA/RIMA (Estudo de Impacto Ambiental/ Relatório de Impacto Ambiental) foi protocolado no CRA, no IBAMA e na Marinha, que logo mostrou seu apoio à iniciativa, dizendo que o Brasil precisava explorar mais a costa. Duas audiências públicas foram realizadas em Caravelas, uma como parte do processo junto ao CRA e a outra relativa ao pedido de licenciamento no IBAMA.

"Nós participamos das audiências e sofremos muita pressão dos políticos, que queriam que a empresa viesse para Caravelas de qualquer jeito", conta Henrique Horn Ilha, chefe do Parque Nacional Marinho dos Abrolhos, órgão do IBAMA. "Eles viam como uma possibilidade de retomar a importância econômica e tinham medo de que, se ficasse muito difícil, a Aracruz procurasse outras alternativas. A população também era a favor, tem mais gente que é contra hoje, porque tem pedidos que não foram atendidos, do que tinha na época. Só eu tinha a cara de pau de ser contra", relata. "Eu era atacado na rádio, me abordavam na rua para reclamar, mas nós achávamos que tínhamos que mostrar para a empresa que esta é uma região ímpar e precisávamos estar certos de que ela entendia isso. Eu queria ter certeza absoluta de que nós não estaríamos causando danos aos corais nem aos camarões."

"Essa fase das licenças foi um parto", lembra Alberto. "Tinha hora que eu pensava: 'Será que vai dar certo?', mas aí mudava de idéia e falava: 'Eu acredito nesse negócio, eu vou até o fim'. Uma vez nós fomos chamados para uma reunião no CRA que mais parecia uma CPI (Comissão Parlamentar de Inquérito). Ficamos lá de 9h às 17h, sem sair, explicando o projeto. A diretoria começou a perder a paciência. Mas não adiantava. A Aracruz não tinha interesse em exercer pressão política, conseguir as coisas vindo de cima e perder o apoio da população. Era pior para a empresa", garante o gerente de Meio Ambiente e Segurança Industrial.

Licença de Localização

Alberto de Oliveira quase não acreditou quando a Aracruz, as ONGs e os órgãos ambientais oficiais conseguiram chegar a um acordo. "Quando finalmente foi tudo aprovado, nós conseguimos a Licença de Localização, em julho de 2001. Ela veio com uma série de condicionantes e a posição da empresa sempre foi a de cumprir tudo o que fosse acordado nas reuniões", afirma.

"Depois que saiu a licença, tudo mudou. Na época, pior chegou a acontecer de eu e alguns colegas sentarmos em um restaurante e um grupo levantar e sair, se recusando a ficar no mesmo ambiente. Hoje, os funcionários da Aracruz estão inseridos na cidade e a empresa tem reconhecimento", comemora.

"Eu tive que agüentar muito ambientalista me xingando. Nós recebemos e-mails do mundo inteiro, me chamaram de insano, falaram mal de mim e da Aracruz em várias reportagens", lembra Alberto de Oliveira.

"Agora que o pior já passou, eu acho que o ambientalista teve um papel fundamental. Eram eles que levantavam as questões, perguntando: 'Vocês pensaram que o motor pode alterar a audição das baleias?', nós íamos, então, pesquisar isso. Os pescadores também deram opinião, participaram", lembra.

A Aracruz recebeu a Licença de Instalação em fevereiro de 2002. O monitoramento dos corais, que começara um ano e meio antes, continuou durante a obra de dragagem, e foram monitorados também os organismos marinhos da região da obra e os camarões das áreas próximas ao terminal.

O valor das compensações ambientais pedidas pelo CRA corresponde a R$ 500 mil (US$ 170 mil). Já o IBAMA pediu que a Aracruz patrocinasse iniciativas e obras no valor de R$ 1,6 milhões (US$ 510 mil). Uma região de manguezal, que é considerado o berçário da vida marinha, foi recuperada e, para possibilitar a recuperação de outras áreas, foi construído o Viveiro de Mudas Tadeu Mussi, onde são cultivadas espécies típicas dos manguezais. Além disso, mais de 7 mil árvores nativas foram plantadas na área do terminal marítimo.

Ainda como compensação ambiental, foi construído um Centro de Visitantes do IBAMA em Caravelas, que poderá ser visitado tanto por turistas que se dirigem a Abrolhos quanto por moradores da cidade. A empresa contratou também, a pedido do Instituto, uma auditoria independente para monitorar as atividades do terminal.

A experiência da Aracruz em Caravelas ainda pode render muitos frutos para o Sul da Bahia. "A universidade nos elogiou, disse que a contribuição científica que nós temos para essa região ninguém tem", conta Alberto de Oliveira, com entusiasmo.

Nessa hora, somos delicadamente interrompidos pela recepcionista do hotel, que vem nos trazer – em boa hora – um spray de repelente contra os mosquitos. Já anoitecia, era a hora do "jantar" *deles* e nós éramos o prato principal. Devidamente protegidos pelo repelente, partimos para explorar o último capítulo da história.

A Criação de Empregos

Entre as demandas da comunidade, a principal era a criação de empregos. Eles queriam que a população local ocupasse o maior número possível das vagas que seriam disponibilizadas com a construção do terminal. A empresa aceitou, mas logo percebeu que para isso precisaria capacitar os moradores de Caravelas que eram, em sua maioria, pescadores.

Em parceria com o Governo do Estado da Bahia, a Prefeitura de Caravelas e o Senai/BA, foi criado o Programa de Qualificação Profissional, que capacitou 1.416 pessoas em 28 cursos, 14 voltados para as necessidades da Aracruz e 14 para outras áreas.

A seleção dos candidatos às vagas oferecidas no terminal marítimo foi feita pelo Sistema Nacional de Emprego, SINE, sem a participação direta da empresa. Para que alguém fosse contratado, era preciso comprovar residência. Caso fosse necessário buscar um funcionário fora de Caravelas, era necessário provar diante de um comitê que não havia na cidade alguém com competência para ocupar aquele cargo.

Terminal Marítimo de Navios-Barcaça
Luciano Villas Boas Machado

As obras do terminal, iniciadas em fevereiro de 2002, geraram cerca de 400 empregos, 70% preenchidos por pessoas da região de Caravelas. Inaugurado em 23 de abril de 2003 em Caravelas (BA), o Terminal Marítimo de Navios-Barcaça Luciano Villas Boas Machado possibilita o transporte de madeira de eucalipto do extremo sul da Bahia até o Terminal de Navios-Barcaça Erling Sven Lorentzen, no Espírito Santo.

Os dois portos (Caravelas e Portocel, em Barra do Riacho) estão distantes 275 km em linha reta e o tempo de viagem dos navios-barcaça de um ao outro é de aproximadamente 12 horas, a uma velocidade de 12,5 nós. As barcaças medem 114 m de comprimento e podem transportar em média cerca de 5 mil m^3 de madeira, o equivalente à carga de quase 100 carretas. Elas são impulsionadas por um empurrador, que tem capacidade de acomodação para 16 pessoas e transforma a barcaça em um navio, o que lhe dá o nome de "navio-barcaça".

Para realizar o projeto do transporte marítimo, a Aracruz investiu US$ 51 milhões, sendo US$ 31 milhões na construção do empurrador e de 3 barcaças. Serão construídos ainda mais um navio-barcaça e outro empurrador.

Dando continuidade à parceria com o Instituto Baleia Jubarte, a Aracruz cede espaço no empurrador de seus navios-barcaça para que os pesquisadores acompanhem todas as viagens, monitorando, com sonar e binóculos, alguma baleia que possa aparecer. "É importante continuar o monitoramento porque a rota não é uma coisa estática. Às vezes elas se afastam da costa em função de chuvas, por exemplo", explica o veterinário Milton Marcondes, um dos funcionários acrescentados ao quadro do Instituto, graças à parceria com a empresa. Criado em 1988, como Projeto Baleia Jubarte, dentro do Ibama, o Instituto ganhou autonomia em 1996 e teve um impulso muito grande depois da parceria com a Aracruz, que praticamente mantém o trabalho de educação ambiental.

O monitoramento das baleias continua e agora a empresa financia também o acompanhamento de botos, que ficam ao norte de Caravelas. "Ninguém sabe se o nosso terminal tem alguma influência nos botos, mas monitoramos mesmo assim", afirma Alberto.

E continua: "Hoje, o Instituto é um parceiro nosso. Em função dessa parceria, eles têm empregados próprios, equipamos o barco deles, o Tomara, demos um terreno. E, do nosso lado, é muito bom, porque quem responde pela Aracruz com relação às baleias é o Instituto Baleia Jubarte, que monitora tudo o que nós fazemos. No início, teve aquela desconfiança, mas aí começamos a analisar tudo o que podia acontecer, às vezes antes mesmo de os ambientalistas levantarem qualquer questão, e ganhamos credibilidade junto a eles."

"A Aracruz fez tudo o que falou que ia fazer. Por isso, hoje a nossa palavra tem força aqui na cidade. Acabamos gerando o dobro de empregos daquilo que prometemos. E a cidade tem pousada nova, padaria nova, está crescendo."

Visões de futuro: responsabilidade compartilhada e mobilização social

"É só andar pela rua Sete de Setembro para ver o ressurgimento do comércio", concorda o vereador Beline Passos. "A Aracruz foi a tábua de salvação da cidade, virou a nossa mãezona. Muita coisa que nós sonhávamos já aconteceu. Agora precisa de alguns ajustes, porque tem gente que fala que foi bom para a cidade, mas que para eles individualmente não mudou muita coisa. Eu acho que a Aracruz poderia envolver mais a comunidade, fazer coisas pequenas, uma ponte, como a que já foi construída pela empresa e beneficiou muito a vida das 40 famílias que moram na região. Os projetos ambientais são importantes, mas não atingem diretamente a comunidade. Não tem praticamente ninguém de Caravelas envolvido com isso", ele explica.

Logo depois, cuidadosamente ressalva: "mas foi ótimo a Aracruz ter vindo para cá, sem dúvida. Nós temos problemas, mas se a empresa não estivesse aqui, seria pior. Uma pessoa chave no processo foi o Alberto, ele soube conversar, convencer as pessoas, porque foi uma batalha muito grande. Nas audiências públicas, muita gente, até por saber pouco, falava bobagem, atacava a empresa, e a Aracruz teve paciência para lidar com isso", ele afirma.

Henrique Ilha concorda que a capacidade de interlocução da Aracruz foi muito importante no processo de licenciamento. "Eram muitos atores, muitos interesses. Havia a disposição dos gestores em resolver os problemas e, tanto na Aracruz quanto no IBAMA, os interlocutores tinham experiência. Nós buscamos soluções que agradassem os dois lados, até porque existia interesse da empresa em que não houvesse o risco ambiental. Esse trabalho me traz muita satisfação, porque mostra que é possível fazer um empreendimento desse porte respeitando o meio ambiente", comenta.

O gerente de Meio Ambiente e Segurança Industrial da Aracruz garante que a filosofia da empresa em relação às questões sociais e ambientais ajudou muito o trabalho de convencimento da população. Alberto conta:

"A empresa não tinha realmente o interesse de chegar aqui e destruir tudo, poluir, até porque hoje quem faz isso, está perdendo dinheiro. Tudo pode ser reutilizado de alguma forma. Estamos estudando agora, por exemplo, junto com a Universidade de Uberlândia, uma maneira de transformar as cascas de madeira que sobram na barcaça em adubo. A idéia é doar as cascas para a população e ensinar a tecnologia para que eles possam ganhar algum dinheiro."

A essa altura tínhamos que encerrar a entrevista e nos dedicar ao budião. Outros colegas do Alberto, da Aracruz, tinham chegado para matar a saudade e dividir conosco o peixe, que nos esperava já na grelha.

Conclusão

A política ambiental consistente da empresa e o apoio da população permitiram que a Aracruz enfrentasse os questionamentos na implantação do Terminal Marítimo de Navios-Barcaça Luciano Villas Boas Machado. As ONG's se tornaram aliadas do projeto.

O risco deixou de ser do meio ambiente para ser assumido pela empresa, que interrompia a implantação no momento em que o monitoramento sinalizasse algum dano incontornável ao patrimônio natural. O tempo em que a empresa achava que as ONG's só queriam criar problema e as ONG's acreditavam que a empresa só estava preocupada com sua imagem já passou. Alberto foi paraninfo da turma da escola, jurado de concurso de Musa do Verão e vai ganhar o título de cidadão honorário.

Mas a Aracruz ainda tem um desafio pela frente: como conduzir o relacionamento com a comunidade assegurando a boa convivência, mas sem cair no paternalismo. Um vereador quer que a Aracruz providencie água para uma comunidade, uma vereadora questiona porque o viveiro de mudas foi instalado em um distrito e não naquele onde ela tem seus eleitores e o projeto dos marisqueiros, embora sonhe com a sustentabilidade, ainda tem chão para caminhar até lá.

O budião estava uma delícia. A noite fresca na beira do fogão nos proporcionou o encontro de amigos e uma história para contar.

Na noite seguinte, depois de visitar o Terminal, as ONG's, a Câmara Municipal e o IBAMA, fomos ao bar mais movimentado da cidade, enquanto esperávamos a hora de ir para a Festa da Baleia Jubarte, encerramento de uma semana cultural promovida pela Aracruz, ONG's e escolas. O pessoal das ONG's também estava lá e ninguém se levantou, a não ser para cumprimentar o Alberto.

Fontes

Alberto Carvalho de Oliveira Júnior – gerente de Meio Ambiente e Segurança Industrial da Aracruz

Carlos Alberto Roxo – diretor de Meio Ambiente e Relações Corporativas da Aracruz

Henrique Horn Ilha – chefe do Parque Nacional Marinho dos Abrolhos

Hideraldo Beline Passos – vereador de Caravelas

Luiz Fernando Brandão – gerente de Comunicação Corporativa da Aracruz

Milton Marcondes – veterinário do Instituto Baleia Jubarte

Ulisses S. Scofield – coordenador operacional do Centro de Pesquisa e Gestão Pesqueira do Litoral Nordeste (CEPENE)

Valério Arbex – administrador do Instituto Baleia Jubarte

Viviane Martins – vereadora de Caravelas

CAPÍTULO IV

A comunicação e os comunicadores na Pastoral da Criança

Desirée C. Rabelo
Ana Cristina Suzina

Será demais pretender do ato comunicativo presentificado, veloz, volátil, um ato de comunhão dos desejos coletivos? A pergunta paira no instante do artesanato: um ser-comunicador, solidário culturalmente, identificado com o outro, seu interlocutor, pode isolar-se da dor universal?

Cremilda Medina

A partir da perspectiva de que na comunicação, como nas demais áreas, a Pastoral da Criança também poderia contar com o voluntariado, em 1994, foi criada a Rede de Comunicadores Solidários à Criança. Ela permitiu tornar a ação comunicativa mais horizontal e ágil pelo contato direto entre agentes e lideranças da Pastoral da Criança e os meios de comunicação locais – agora feitos não somente pela

Coordenação Nacional mas com o apoio de profissionais da própria comunidade. Para isso, foi necessário abrir uma via de mão dupla, em que a equipe de profissionais da Coordenação Nacional e os voluntários eram alimentados reciprocamente com informações e novos conhecimentos.

A Rede dos Comunicadores Solidários à Criança, da qual participaram 500 comunicadores voluntários, desempenhou um papel fundamental no trabalho e nos resultados alcançados pela Pastoral da Criança. Além de atuarem como assessores de imprensa em suas comunidades e regiões, os seus membros foram treinados como capacitadores em três áreas: comunicação pessoal e grupal, rádio e assessoria de comunicação e mobilização.

Os bons resultados obtidos devem-se, sobretudo, à visão clara de que são os voluntários/reeditores que fazem a comunicação acontecer. Nem sempre, porém, é possível contar com voluntários que sejam profissionais da área de comunicação. Mas, em qualquer situação, é preciso o domínio dos instrumentos e conteúdos (e com eles seus sentidos). Assim, em todos os casos, fez-se necessária a capacitação, e uma capacitação específica: mais que formar comunicadores capazes de produzir e veicular mensagens, é preciso formar pessoas capazes de gerar processos de comunicação em favor da mobilização.

Neste artigo, apresentamos a experiência da Rede de Comunicadores Solidários à Criança na Pastoral da Criança. O modelo de organização e capacitação em cascata, provocando uma "capilarização" e conseqüente atuação dos profissionais nas áreas mais remotas do país, chama a atenção dos movimentos sociais, dos órgãos do governo, dos veículos de comunicação. Embora tenhamos recorrido aos dados mais recentes para explicar o trabalho da Pastoral da Criança e seus resultados, as reflexões contidas aqui referem-se a um período determinado, mais especialmente ao final da década de 1990 e começo de 2000. Nessa época, a Rede de Comunicadores Solidários à Criança atingiu sua maior articulação e capacidade de atuação. Foi essa vivência que permitiu-nos refletir sobre processos de mobilização em geral e o da Pastoral da Criança, em particular

Uma mobilização em favor da vida

Um dos principais indicadores de qualidade de vida, a saúde materno-infantil, é resultado de vários fatores, entre eles a implementação das políticas sociais básicas. Como nem sempre elas acontecem na medida ou rapidez necessárias, a Pastoral da Criança convocou e investiu na solidariedade humana, organizada e animada em rede, com objetivos definidos. Nascida no âmbito da Igreja Católica, em 1983, aos poucos, a Pastoral da Criança tornou-se uma referência, extrapolou as fronteiras institucionais e depois as nacionais. Chama a atenção não apenas a longevidade da mobilização mas também sua dimensão e resultados: são cerca de 250 mil líderes comunitários e outros voluntários nas equipes de coordenação, capacitação e acompanhamento. Todos atuando de forma organizada e regular em prol de mais de 1,8 milhões de crianças menores de 6 anos em todo o Brasil.[1] O ponto básico do trabalho é desenvolvido pelas lideranças comunitárias que, capacitadas, incentivam a prática das ações básicas de saúde pelas famílias e comunidades acompanhadas. Os novos conhecimentos estimulam novas práticas. Transformadas, líderes, crianças, comunidades tornam-se protagonistas de uma nova história. Aos poucos, esse processo vai envolvendo mais atores, ampliando a atuação da área da saúde para outros aspectos da vida da comunidade. A crescente adesão de cidadãos anônimos, de grandes empresas e do próprio Governo nessa mobilização e os vários prêmios conquistados confirmam a fórmula.[2] A Rede Globo de Televisão, por exemplo, tornou-se a maior financiadora não-governamental da Pastoral, com o projeto Criança Esperança, desenvolvido em parceria com a Unesco.

A proposta, a metodologia e os resultados da Pastoral da Criança provocam pesquisadores de todas as áreas. Reconhecendo, como Bernardo Toro (1996-1997), que a mobilização é um "ato de comunicação", este artigo reflete sobre as estratégias de comunicação dessa mobilização e, em especial, sobre a experiência

---

[1] Os dados relativos são do relatório Situação de Abrangência 01/10/2003 a 30/09/2004.

[2] Alguns deles: Unicef, como melhor serviço de saúde e nutrição comunitária do mundo (1991); *Liberté – Égalité – Fraternité,* da França, pela prevenção da violência infantil; *Bem Eficiente,* da Fundação Kanitz (1997), concedido às entidades sem fins lucrativos que se destacam pela excelência em administração, transparência e pelo impacto social de sua atuação.

da Rede de Comunicadores Solidários à Criança. Voluntários como outros milhares que integram a Pastoral, os comunicadores da Rede ajudaram, ao longo de 10 anos, a difundir a imagem institucional da organização na grande mídia, otimizar a ocupação dos espaços de rádio e os fluxos nos níveis grupal e pessoal. Mais que isso, eles tiveram a oportunidade ímpar não só de aplicar mas também de refletir sobre as estratégias de comunicação específicas para a mobilização da Pastoral da Criança. Nesse caminho de ação-reflexão-ação, Bernardo Toro foi um dos autores-chave. Assim, os comunicadores voluntários capacitaram e foram capacitados, e os resultados dessa prática estenderam-se para a vida pessoal e profissional, e por isso não podem ser contabilizados. Antes, porém, de contar essa história, será feita uma breve descrição da metodologia de trabalho da Pastoral da Criança.

O que é a Pastoral da Criança

Juridicamente registrada como sociedade civil de direito privado, a Pastoral da Criança é um dos organismos de ação social da Conferência Nacional dos Bispos do Brasil (CNBB). Atuando em todos os Estados brasileiros, a maior parte de suas lideranças comunitárias (90%) é composta por mulheres. Nas visitas regulares às residências, essas líderes têm a responsabilidade de acompanhar um grupo determinado de famílias, orientando e estimulando a adoção dos cuidados para o desenvolvimento integral da criança. As líderes também organizam o *Dia da Celebração da Vida*, quando se reúnem com outras líderes e famílias acompanhadas da região. Além das celebrações e palestras, nesse encontro as crianças são medidas e pesadas, o que torna o momento também conhecido como *Dia do Peso*. Cada líder anota os dados da criança ou da gestante atendida na sua *Folha de acompanhamento e avaliação mensal das ações básicas de saúde e educação na comunidade* (FAB). Reunidas por comunidades, regiões, até chegar no nível nacional, as FABs vão compor o *Relatório de Situação de Abrangência*, o mais atualizado banco de dados sobre a saúde materno-infantil do Brasil.

As chamadas ações básicas incluem apoio integral às gestantes; incentivo ao aleitamento materno e à adoção de alimentação enriquecida e remédios caseiros; controle de doenças diarréicas; prevenção de acidentes e violência doméstica, entre outros. Decorrentes dessas ações, surgem projetos menores como os de prevenção de doenças sexualmente transmissíveis, geração de renda ou rodas de conversa.

O índice de mortalidade entre as crianças acompanhadas pela Pastoral é inferior a 17 mortes para cada mil nascidos vivos – menos da metade da média nacional, que, segundo o Unicef, era de 34,6 mortes por mil nascidos, em 1999. Outros dados sobre desnutrição entre as crianças acompanhadas impressionam quando comparados à média nacional, especialmente considerando-se que a Pastoral atua nos bolsões de pobreza. E o orgulho das líderes é que, segundo elas, entre os quase 2 milhões de crianças acompanhadas, não existe uma sequer nas ruas.

Na sede nacional da Pastoral da Criança, em Curitiba (PR) e no escritório, em Brasília, trabalham 50 pessoas, entre funcionários, assessores técnicos e estagiários. Uma infra-estrutura informatizada, ligando todas as dioceses à sede, garante acompanhamento e apoio às atividades desenvolvidas mesmo à distância. Todos os resultados descritos acima exigem um fluxo intenso de troca de informações e operações constantes de capacitação e reciclagem dos participantes em busca de uma ação coordenada.

Para cobrir os gastos de administração, produção e distribuição de materiais educativos, treinamentos e acompanhamento das atividades, as fontes de recursos financeiros da Pastoral da Criança, em 2004, somaram R$ 32,3 milhões. Praticamente 70% dessa quantia veio do Ministério da Saúde e o restante de outras organizações públicas e privadas. O balanço daquele ano também passou a quantificar a riqueza gerada com o trabalho voluntário. Tendo como base o salário mínimo de R$ 260,00 aplicado proporcionalmente às horas estimadas de dedicação dos diversos voluntários, chegou-se a R$ 66,5 milhões, o que deu nova dimensão aos recursos econômicos disponibilizados para o atendimento das atividades e, principalmente, reforçou a importância do voluntariado.

Compreendendo os passos da mobilização

Além das líderes comunitárias, a Pastoral da Criança busca mobilizar outros atores que – diretamente ou não – podem colaborar com a saúde das crianças e suas famílias. Para isso, é necessário identificar e convocá-los, por meio de distintos argumentos e linguagens, conforme cada caso. Outra estratégia que pode explicar o sucesso da Pastoral é que, geralmente, cada voluntário atua em seu próprio meio. As líderes, por exemplo, são da própria comunidade, o que facilita a empatia com as famílias acompanhadas. A dinâmica se repete noutras esferas: enfermeiro participa na área da saúde, os políticos em sua atuação parlamentar etc.

Igualmente, os que atuaram na Rede dos Comunicadores tinham essa formação. Assim, o voluntário não precisa sair de seu universo de atuação e desprender grandes esforços para participar. Mas, mesmo contando com uma grande quantidade de voluntários especialistas em determinados temas, a entidade mantém intenso programa de capacitação e reciclagem, a fim de que esses conhecimentos sejam orientados para alcançar os resultados projetados para o desenvolvimento infantil. Por outro lado, ainda que o voluntariado seja um esforço desprendido, é compreensível pensar em algum tipo de recompensa para quem participa nessa condição. Não se trata, é claro, de retorno econômico. Na Pastoral da Criança, foi possível identificar as seguintes recompensas:

pessoal/auto-estima: especialmente no caso das líderes. Ao desempenhar tal papel na comunidade, as lideranças passam por um processo de capacitação e, freqüentemente, ampliam seu poder de atuação em outros campos, assim como os canais de relacionamento com os demais membros de suas comunidades;

comunitário/cultural/político: resgata valores tradicionais da comunidade, como a solidariedade e o folclore. Num sentido mais estrito, oferece elementos concretos para a formulação de projetos nas áreas de saúde e direitos da infância aos políticos em geral;

socioeconômico: ao utilizar os cuidados básicos ou participar de outros projetos, como o alfabetização ou de geração de renda, as líderes e as famílias acompanhadas podem melhorar sua qualidade de vida;

profissional: atuando em seus campos profissionais específicos, os voluntários muitas vezes recebem chances de capacitação, tornam-se referências. No caso dos comunicadores, esse processo foi marcante.

Entre as características da prática de mobilização da Pastoral da Criança, citamos:

Orientação concreta/coletivização: Cada membro (seja líder comunitário, comunicador ou empresário) sabe exatamente o papel que deve desempenhar na mobilização. Assim, ele se sente amparado e estimulado a desenvolver seu trabalho. Compreende que sua tarefa é importante para o alcance dos resultados globais.

Participação criativa: Com objetivo e metodologia claros, a Pastoral da Criança estimula a criatividade e a inserção na realidade. O trabalho básico é a visita às famílias, mas as experiências e necessidades de cada lugar desencadeiam novas rotinas, receitas, formas de atuação. Vale recorrer aos fantoches, festivais de música, murais, feiras, festas típicas e parcerias com os governos e instituições na busca de melhores resultados. Como conseqüência, a Pastoral da Criança sempre "tem a cara" da comunidade onde está inserida e os resultados1, sucessos e dificuldades da ação apontam formas de aperfeiçoamento. As FAB's, por exemplo, foram criadas a partir das sugestões das líderes que precisavam de um suporte físico para anotar as informações recolhidas. Os primeiros cursos de alfabetização capacitavam as líderes para a leitura e compreensão do *Guia da líder* e, logo, fazer suas anotações. Hoje, trata-se de um projeto estruturado que se estende para as famílias acompanhadas.

Capacitação e acompanhamento: Para veicular as informações, integrar e capacitar voluntários nessa grande mobilização, a solução encontrada foi o "efeito cascata". Nos diversos temas – comunicação, cuidados básicos, alimentação, políticas públicas e outros –, assessores nacionais especializados capacitam os estaduais, que capacitam os diocesanos, que capacitam os paroquiais até chegar nas comunidades[3]. Por ano, são realizados mais de 40 mil cursos em todo o Brasil. Mais da metade da verba da Pastoral da Criança é revertida para capacitação e acompanhamento das líderes.

Profissionalismo: A capacitação e o acompanhamento são o caminho para buscar a qualidade das

---

[3] A Pastoral utiliza a estrutura da Igreja Católica (diocese, paróquia, comunidade) para sua organização.

diversas ações e dar legitimidade ao trabalho de todos os voluntários. Além disso, a participação voluntária de profissionais das áreas relacionadas à saúde materno-infantil amplia o terreno dos argumentos: no posto de saúde, o médico e a enfermeira reforçam as orientações da líder; a professora e o padre fazem o mesmo em suas esferas respectivas. Os comunicadores e as emissoras de rádio garantem a produção/veiculação do programa da Pastoral e de outros meios de comunicação locais.

Gerenciamento e transparência das informações: Uma dificuldade dos movimentos sociais é estabelecer relações claras de custos/benefícios ou, ainda, criar a rotina de divulgação dos recursos, investimentos etc. A Pastoral da Criança privilegia o gerenciamento constante das ações; a divulgação de seus balanços e dos resultados obtidos. Tais informações estão disponibilizadas, por exemplo, no site da entidade. Essa política reforça a credibilidade da proposta junto à opinião pública e rende novos parceiros.

Feedback: Esse gerenciamento possibilita *feedbacks* regulares para as lideranças comunitárias, coordenadores, agências financiadoras e para a própria sociedade. Tal retorno ocorre de várias formas. Graças ao sistema totalmente informatizado, ao final de cada trimestre, as coordenações locais recebem, da coordenação nacional, uma carta informando e comentando os resultados obtidos pela equipe da paróquia. Ao criar um vínculo direto entre cada paróquia e a coordenação nacional, essa mensagem estimula os participantes, reconhecendo e valorizando o trabalho desenvolvido – individualmente e pela equipe. Outros instrumentos de *feedback* são as reuniões, o jornal e os relatórios.

Comunicação diferenciada

Finalmente, na Pastoral da Criança, todos os atores envolvidos na mobilização *fazem comunicação*, embora não trabalhem necessariamente na produção. O mais importante é que a informação chegue corretamente aos reeditores que, de fato, fazem a mobilização acontecer. Isso exige investimento nos três níveis de Comunicação, de massa, macro e micro, com veículos distintos, conteúdos e sentidos específicos[4].

As mídias massivas são fundamentais para divulgar as ações e resultados da Pastoral da Criança. Os depoimentos das líderes e coordenadores comunitários são privilegiados, o que facilita a empatia com a maior parte das lideranças. A presença na mídia dá legitimidade e visibilidade à mobilização, reforça a participação do voluntário, das famílias acompanhadas, e ajuda a sensibilizar a população para as questões da infância e adolescência, propondo uma agenda social sobre esse tema. Além disso, internamente,

---

[4] A diferenciação entre o conteúdo e o sentido do conteúdo, ou entre a ação e o sentido da ação, fez parte da construção coletiva de proposta de comunicação para a Pastoral da Criança, desenvolvida pela Rede de Comunicadores Solidários à Criança. Encontramos referências ao assunto em Toro e, especialmente, em Mafesoli (1997). Faxina (2001), em sua dissertação de mestrado, retoma ao tema justamente tratando da Pastoral da Criança.

Visões de futuro: responsabilidade compartilhada e mobilização social

reforça a dimensão e a importância do trabalho junto aos próprios voluntários que, pelas informações, conseguem perceber que o trabalho localizado que fazem se soma ao de outros e gera grandes resultados. Nesse nível, o conteúdo não é prioritário (não precisa ser exato, exaustivo). O importante é seduzir e fazer com que a temática e a mobilização passem a povoar o imaginário coletivo. Se a assessoria de comunicação, em Curitiba, estimula e facilita a presença da Pastoral da Criança na imprensa em geral, a inserção regular na mídia em todas as regiões do Brasil só foi possível graças ao trabalho da Rede de Comunicadores – cujos membros atuavam como assessores nos diferentes locais.

Contudo, são nos níveis de macro comunicação e de comunicação pessoal, para usar a terminologia e o sentido atribuídos por Bernardo Toro, que a mobilização da Pastoral da Criança revela sua criatividade. No nível macro, os diversos grupos/públicos são alcançados com recursos e conteúdos específicos. Em comum, esses conteúdos buscam esclarecer o papel daquele grupo na mobilização, oferecendo orientações e valorizando aquela participação específica. O sentido da mensagem, portanto, é estimular e fortalecer o compromisso. Alguns exemplos nesse nível: o já comentado *Relatório Situação de Abrangência* e o *Jornal da Pastoral da Criança*.

Além de devolver os resultados para os voluntários, financiadores e a sociedade em geral, o Relatório constitui-se, provavelmente, na mais poderosa mídia institucional da Pastoral da Criança, ao incluir a dimensão e os resultados efetivos do trabalho realizado.

O *Relatório Situação de Abrangência* também gera consolidados regionais, estaduais e locais, com dados que ajudam em processos de comunicação e mobilização em todos esses níveis.

O *Jornal da Pastoral da Criança*, bimestral e com tiragem de 160 mil exemplares, é dirigido às lideranças, coordenações e amigos da Pastoral. O objetivo da publicação é socializar as experiências das comunidades (o que garante os sentidos de coletivização do trabalho e de sua dimensão, orientações e notícias de interesse). A parte mais lida do jornal e que ocupa cerca de 70% do espaço é a das notícias das comunidades, informações enviadas pelas próprias lideranças locais. Desperta também grande interesse a coluna *Falando com Você,* assinada pela Dra. Zilda Arns Neumann, coordenadora nacional. A coluna, escrita na primeira pessoa e em uma linguagem afetiva, traz uma mensagem de estímulo para as líderes. Nesse nível macro, também estão os materiais institucionais, educativos e didáticos, utilizados pelos assessores, coordenadores e líderes comunitários.

Outra estratégia de comunicação macro é o programa radiofônico semanal *Viva a Vida*. Transmitido gratuitamente por mais de 1.700 emissoras no país inteiro, é produzido pela Pastoral e, em atenção às diferenças regionais, o programa de 15 minutos é gravado em duas versões (para a região Sul e para as regiões Norte/Nordeste). Distribuído às coordenações locais em formatos CD ou fita cassete, é usado integralmente ou em trechos, incluídos nas produções das emissoras locais, muitas vezes feitas pelos voluntários da Pastoral. O programa oferece informações sobre saúde materno-infantil e reforça o trabalho das líderes. Embora tenha uma veiculação dirigida, com orientações claras para a ação, por sua forma de difusão, o programa pode atingir um público muito maior do que o da própria Pastoral.

Merece atenção, ainda, a *Rede Brasileira de Informação e Documentação sobre a Infância e Adolescência* (Rebidia). No endereço eletrônico www.rebidia.org.br, os membros da organização e outros interessados podem acessar as informações produzidas pela Pastoral da Criança, sobre a situação da infância brasileira e políticas públicas voltadas ao setor. Além disso, a Rebidia promove a capacitação para o uso dessas informações, formando lideranças para atuar em instâncias como Conselhos, entre outros.

Não há dúvidas que o ponto chave da comunicação na Pastoral da Criança ocorre no nível micro ou pessoal. Na comunicação que acontece durante o encontro entre a líder e a mãe de família, a líder e sua coordenadora, o assessor da Pastoral e alguma autoridade civil ou política ou ainda nas pequenas reuniões, em cada um desses momentos, o conteúdo é adequado à situação. Podem ser orientações sobre cuidados básicos da saúde materno-infantil, convite para participação em um projeto/evento, avaliação de resultados, definição de estratégias etc.

Nesses momentos, o conteúdo das informações precisa ser exato para garantir os resultados esperados. E o sentido da mensagem é promover a própria ação. Por isso, há um grande esforço de capacitar as líderes, coordenadores e assessores para esses momentos. Uma das ações desenvolvidas pela Rede de comunicadores, como veremos em seguida, foi justamente oferecer cursos de Comunicação Grupal e Pessoal, Técnicas de Oratória, Recursos audiovisuais, Visita às autoridades, entre outros.

As reflexões de Bernardo Toro ajudam a compreender como esses vários níveis se interconectam na Pastoral da Criança. Segundo esse autor, numa mobilização, a mídia de massa tem a função de chamar a atenção do público para o tema. Entretanto, os meios que promovem as relações interpessoais são mais eficientes para a mudança de opinião e incitamento à ação e, por meio da combinação entre os vários níveis, é possível obter resultados ainda melhores. Mesmo reconhecendo a importância de todos os níveis, Toro especula sobre o grau de impacto de cada um deles numa mobilização. Para ele, as variáveis são inversamente relacionadas: "quanto maior a cobertura (comunicação massiva), menor a possibilidade de criar modificações estáveis (efetividade). Pelo contrário, a comunicação pessoal (nível micro) tem melhores possibilidades de efetividade. A comunicação macro combina a efetividade e a cobertura de uma forma específica".

Nessa mesma linha, comentando a variedade de abordagens e intervenções que se enquadram, hoje, na idéia da "comunicação para o desenvolvimento", Waisbord (2003) identificou acordos importantes nas questões estratégicas das diversas experiências: "existe um consenso crescente em torno de cinco idéias sobre a prática e o pensamento da comunicação para o desenvolvimento".

São elas: o fortalecimento da comunidade, a integração das abordagens governamentais e baseadas na comunidade, a articulação da comunicação de massa e a interpessoal, a utilização de estratégias múltiplas de comunicação e a incorporação dos fatores pessoais e contextuais. Desnecessário discorrer sobre tais "idéias": todas estão contempladas na descrição da dinâmica que possibilita a convocação, organização e animação da Pastoral da Criança.

A Rede de Comunicadores Solidários à Criança

A Rede Brasileira de Comunicadores Solidários à Criança nasceu de uma identificação entre a Pastoral da Criança e União Cristã Brasileira de Comunicação Social (UCBC).[5] Esta mantém a Rede Brasileira de Jovens Comunicadores, que encontrou uma razão concreta de existência, no momento em que passou a relacionar sua missão, e de realizar um trabalho de comunicação comprometido com a transformação social, com uma necessidade concreta da Pastoral da Criança em capilarizar também suas ações comunicativas.

Mais de 500 comunicadores integraram, em diversos momentos, a Rede Brasileira de Comunicadores

---

[5] A UCBC é uma organização civil, de cunho ecumênico, que atua há 36 anos no Brasil em projetos nas áreas de educomunicação, formação de comunicador, pastoral da comunicação. Representa, no Brasil, a International *Catholic Union of the Press* (UCIP) que, na década de 1980, incentivou a criação de redes de comunicadores nos diversos países onde atua. Entre todos os países, no entanto, somente no Brasil a rede se consolidou, justamente encontrando uma proposta concreta em torno da qual os diversos participantes se uniram.

Solidários à Criança, em 24 estados brasileiros: Jornalistas, radialistas, relações públicas, publicitários, fotógrafos, artistas e comunicadores populares que atuaram nos diferentes níveis de comunicação, desenvolvendo uma ação voluntária em favor das crianças e suas famílias. Respeitando a concepção de que o re-editor pode participar melhor em sua própria área de ação, esses profissionais participaram sem prejuízo de suas tarefas no trabalho, recebendo e emitindo informações especializadas sobre o tema e disseminando-as entre os demais colegas na sua própria região.

A primeira fase da Rede, portanto, centrou-se principalmente na busca de espaços nos meios locais de comunicação, para a divulgação das ações da Pastoral da Criança. Um dos resultados desse trabalho foi ajudar a superar uma grande carência de informações e formação dos jornalistas sobre questões sociais, tanto entre os que estão nas redações dos grandes veículos como entre os que atuam nas entidades sociais. Na maioria dos estados onde se fez presente, a Rede Brasileira de Comunicadores Solidários à Criança tornou-se referência freqüente de informações sobre a situação da criança. Estabeleceu-se uma relação de respeito mútuo entre meios e esses comunicadores voluntários.

Com o crescimento da Rede e o envolvimento de profissionais nas mais diversas áreas da comunicação, uma outra fase foi a natural integração entre a dinâmica da Pastoral e as aptidões e experiências dos voluntários de comunicação. Para que eles pudessem colaborar da melhor maneira possível e também atender às demandas existentes, a Rede passou a contar com três áreas específicas de atuação: Rádio, Assessoria de Comunicação e Mobilização Social e Comunicação Pessoal e Grupal.

Aos poucos, os membros da Rede percebem um novo desafio: além de se prepararem para atuar nessas áreas, era necessário convocar e preparar novos membros e também as lideranças da Pastoral. Era essencial, portanto, pensar em uma metodologia específica que desse conta dos objetivos propostos. Assim, os membros da Rede ligados às coordenações estaduais passaram a trabalhar em conjunto na construção de um corpo de conhecimentos e técnicas para atender a essa necessidade. Apresentamos, a seguir, um resumo das atividades desenvolvidas em cada uma das áreas específicas e algumas considerações sobre essa experiência.

(a) Rádio – O trabalho no Rádio foi uma das primeiras demandas da Rede Brasileira de Comunicadores Solidários à Criança, sendo também a área com o maior número de membros. As razões são muitas: existe no Brasil um grande número de municípios em que o rádio ainda é o principal, se não o único, meio de comunicação – devido às localizações geográficas ou à própria viabilidade econômica características do veículo. Isso favoreceu e exigiu a formação de um grupo com atuação forte nessa área. Por outro lado, é crescente o número de líderes comunitários que conseguem espaços nas emissoras locais onde podem produzir seus próprios programas ou veicular o *Viva a Vida*. Por isso, uma das tarefas da Rede de Comunicadores foi capacitar as equipes que trabalham nesses veículos. Os cursos orientavam sobre como preparar roteiros, fazer entrevistas, utilizar recursos sonoros, falar no rádio e outras técnicas. Essa capacitação estimulou a busca de novos espaços no rádio e qualificou as lideranças para o uso dessa importante mídia.

(b) Assessoria de Comunicação e Mobilização Social – As atividades dessa área estão relacionadas com a divulgação das ações da Pastoral da Criança e de assuntos relativos à situação da criança, da mulher e das comunidades pobres do Brasil. Porém, seus membros incorporaram o conceito de mobilização na prática convencional de divulgação: mais do que fornecer informações e conseguir espaços nos meios de comunicação, o objetivo é mobilizar a sociedade e promover a cultura da esperança. A reflexão parte do princípio de que nesse universo diário de notícias diárias, poucas inspiram a participação e estimulam a esperança na população. Por isso, a Assessoria de Comunicação e Mobilização investe na produção e ampla veiculação de notícias das ações que estão transformando a realidade do país.

Junto às equipes locais, a Rede trabalhou orientando a identificação das pautas que geram boas notícias para os meios de comunicação, atendimento à imprensa etc. Além disso, apoiou a Coordenação Nacional, atuando como multiplicador local e preparando materiais de divulgação adaptados à comunidade. Nos seus contatos com a imprensa local, lideranças comunitárias, igrejas, escolas e associações populares, os comunicadores divulgaram os vídeos e outros materiais educativos da Pastoral da Criança, ajudando a difundir ações de saúde, educação, direitos humanos, entre outras.

Na publicação anual do relatório *Resultados e Abrangência*, com dados e estatísticas de todo o Brasil, o trabalho da Rede de Comunicadores Solidários é fundamental para contextualizar os dados e histórias regionais, garantindo uma maior publicidade do material, inclusive com fontes mais próximas. Essa dinâmica se repetiu nas várias ocasiões em que a Pastoral da Criança promoveu campanhas ou enfatizou uma ação específica. A articulação local dos comunicadores da Rede ampliou o reconhecimento e a legitimidade da Pastoral, inclusive internacionalmente. Sem os comunicadores voluntários, por exemplo, seria impossível atender às demandas dos grandes veículos de comunicação que, em suas reportagens, precisam, em tempo ágil, informações e contatos nas diferentes regiões do Brasil.

(c) **Comunicação pessoal e grupal** – A equipe de Comunicação Pessoal e Grupal foi criada para dar suporte às ações desenvolvidas pelos voluntários da Pastoral da Criança, nas diversas instâncias de organização. Levando em conta que cada líder comunitário visita as famílias acompanhadas pelo menos uma vez por mês, isso resulta em mais de 1 milhão de contatos pessoais entre voluntários e membros das famílias. Também existem mais de 30 mil oportunidades de contatos grupais, pois, a cada mês, é realizado pelo menos um encontro com todas as famílias acompanhadas em cada comunidade, para a pesagem das crianças.

Assim, no campo da comunicação pessoal, o trabalho visava ajudar os líderes comunitários em seus momentos de visita e orientação às famílias. Já a comunicação grupal destinou-se principalmente às equipes locais e regionais de coordenação e formação. Com esses grupos, a Rede trabalhou temas como técnicas de expressão, preparar reuniões, falar em público, organização de evento, visita às autoridades. Houve um grande interesse também pelo treinamento em uso de recursos audiovisuais, fantoches e outros materiais didáticos utilizados nas reuniões, na formação e reciclagem dos líderes comunitários.

Repercussões em outras áreas

Para desenvolver todas essas atividades, a Rede Brasileira de Comunicadores Solidários à Criança formou uma equipe nacional, da qual participaram os profissionais que trabalhavam regularmente em Curitiba e voluntários representantes dos estados. Nesse grupo, capacitadores foram formados nas três áreas e se tornaram responsáveis por multiplicar as propostas e a metodologia entre os comunicadores de seus estados, repetindo o "efeito cascata". Uma das metas, e que acabou não se realizando, era que cada diocese tivesse uma equipe de comunicadores como pelo menos um representante de cada área, favorecendo uma capacitação cada vez mais relacionada com a realidade específica do local. A Coordenação Nacional da Pastoral assumiu, então, um papel de motivação para os trabalhos da Rede nos estados e dioceses, subsidiando-a com materiais e informações atualizados e consistentes.

O desenvolvimento e os resultados alcançados pela Rede Brasileira de Comunicadores Solidários à Criança têm aberto outras perspectivas de atividades. Na área acadêmica, por exemplo, já são diversos os trabalhos que se valem dessa experiência de Rede para analisar novos modelos de comunicação e a participação da sociedade civil nos processos de comunicação. Várias dessas produções têm sido expostas em congressos e eventos acadêmicos e profissionais no Brasil e no exterior.

A experiência também foi reconhecida na esfera governamental: em 1999, a Rede de Comunicadores foi parceira de um projeto do Ministério da Educação, para capacitar e motivar radialistas de 19 estados brasileiros no Projeto Fundescola. O objetivo era motivar os comunicadores das emissoras de rádio das regiões Norte, Nordeste e Centro-oeste a divulgar assuntos relacionados à educação em seus programas. Os voluntários da Rede Brasileira de Comunicadores Solidários à Criança foram os coordenadores e motivadores das oficinas capacitação que promoveram a reciclagem profissional de 798 radialistas e a reflexão sobre o papel social da comunicação. A partir desse trabalho, está sendo construída a Rede de Comunicadores pela Educação.

Na parceria com o Fundescola, as oficinas foram ministradas por uma equipe de quatro capacitadores que elaborou uma metodologia específica para contemplar as demandas das áreas de radiojornalismo e de educação. A proposta foi unir o conteúdo da educação com a técnica do rádio, ou seja, os capacitadores ensinavam técnicas de como fazer um bom programa radiofônico, a partir do conteúdo educação. Dessa maneira, os radialistas se aperfeiçoavam profissionalmente enquanto aprendiam como transformar a educação em algo interessante capaz de conquistar a audiência e envolver os radiouvintes. Cada oficina partia da prática para chegar à teoria, formando uma espiral prática-avaliação/teoria-prática. Era o "aprender a fazer, fazendo e avaliando", ou seja: o grupo era orientado a realizar atividades práticas voltadas à vivência no rádio e só; após a avaliação, as técnicas radiofônicas eram sistematizadas.

Nesse mesmo projeto, a Rede de Comunicadores elaborou a *Cartilha do Radialista, Educação para Todos – um desafio para a comunicação*, destinada ao aprofundamento dos conteúdos das oficinas. Estruturada a partir de dez mensagens e com notas de aprofundamento, dicas para ação e exemplos de experiências ilustrativas, a cartilha buscou difundir um jeito novo de ver, sentir e cuidar da educação. Outro material produzido, nesse projeto, foi o boletim *Educação no Ar*, com notícias e informações sobre Educação, testemunhos de membros da Rede de Comunicadores pela Educação e dicas para os radialistas. O boletim é um instrumento importante para a mobilização da rede e articulação entre os participantes.

No caso da Pastoral da Criança, a ligação permanente entre os comunicadores e os demais voluntários da entidade permitiu verificar dados e descobrir boas histórias para a produção de material informativo. Outros movimentos sociais têm se interessado pela experiência e aos poucos começam a ser discutidas propostas de redes vinculadas a outras causas. Na reunião final de avaliação do Projeto Fundescola, por exemplo, representantes de vários órgãos do Governo Federal estiveram presentes, analisando a possibilidade de ações semelhantes na área de trânsito ou de saúde.

Divulgando a boa notícia

Assim, a Rede Brasileira de Comunicadores Solidários à Criança transformou-se em uma rede de solidariedade espalhada por todos os cantos do Brasil. Da mesma forma que as lideranças comunitárias, também os membros da Rede se fortaleceram nos níveis pessoal-afetivo e profissional, pela criação dos laços de amizade, pelo processo de capacitação ao qual se submeteram, pelas novas experiências e conhecimentos e, sobretudo, pela vivência de um trabalho desse porte e com resultados positivos.

Ainda vinculada à UCBC, a Rede de Comunicadores Solidários permanece articulada e atuante, com projetos regionais e nacionais, além de uma permanente reflexão sobre o papel da comunicação na construção de uma realidade mais justa e fraterna. É dessa maneira que a inspiração estimulada pelo envolvimento com a Pastoral da Criança tem aberto novos caminhos para outras ações da Rede, como apoio a outras causas sociais ou inserção em organizações acadêmicas e de discussão da comunicação social no Brasil e no exterior.

A discussão sobre o trabalho voluntário no Brasil está apenas iniciando. Reflexões como a de Crespo e Leitão (1993, 1997), por exemplo, indicam o grande anseio de participação. É preciso, contudo, unir as oportunidades e demandas à convocação e instrumentalização adequados do voluntário. Como alerta Bernardo Toro, ele precisa saber qual o seu papel na mobilização, o resultado e o sentido de sua ação. A Rede de Comunicadores Solidários à Criança é a história de uma ação voluntária, nem por isso menos profissional, e de impacto – justamente na esfera da comunicação cuja importância é desnecessária justificar. Analisar essa experiência é mais que uma necessidade ou curiosidade acadêmica. É uma exigência cidadã. É preciso buscar, compreender e divulgar as boas notícias.

Bibliografia

CRESPO, Samyra; LEITÃO, Pedro. *O que o brasileiro pensa da ecologia*. Rio de Janeiro:MAST, CETEM, ISER, 1993. 253p.

CRESPO, Samyra. *O que o brasileiro pensa sobre o meio ambiente, desenvolvimento e sustentabilidade*. 1997. Disponível: www. http:// .mma.gov.br/port/SE/pesquisa Acesso em: 15/08/2000.

FAXINA, Elson. Participação e Subjetividade em Movimentos Sociais. Dissertação apresentada ao Departamento de Cinema, Rádio e Televisão da Escola de Comunicações e Artes da Universidade de São Paulo. São Paulo: UPS, janeiro de 2001. MAFESOLI, Michel. *A contemplação do mundo*. Tradução de Francisco F. Settineri. POA: Artes e Ofícios, 1995. 168p.

MEDINA, Cremilda. *Símbolos e narrativas – rodízio 97 na cobertura jornalística*. São Paulo: Secretaria do Meio Ambiente. 245. p.198.

TORO, A. José Bernardo. Mobilização Social: uma teoria para a universalização da cidadania. In: MONTEIRO, Tânia Siqueira. *Comunicação e Mobilização Social*. Brasília: UNB, 1996. p. 26-40; p. 68-73.

TORO, A. José Bernardo; WERNECK, Nísia. *Mobilização Social: um modo de construir a democracia e a participação*. BSB: Ministério do Meio Ambiente, Recursos Humanos e Amazônia Legal, Associação Brasileira de Ensino Agrícola Superior, Unicef, 1997. 104p.

Rebidia. *Rede Brasileira de Informação e Documentação sobre a Infância e Adolescência* (Rebidia). Disponível em: www.rebidia.org.br. Acesso em: 01/03/2005.

CAPÍTULO V

O Projeto Manuelzão e a Expedição Manuelzão Desce o Rio das Velhas[1]

Rennan Lanna Martins Mafra

O caso que será relatado a seguir representa um esforço de um projeto de mobilização social na concepção e organização de uma ação estratégica de comunicação para mobilização social. Trata-se do Projeto Manuelzão, que tem como causa a Revitalização da Bacia Hidrográfica do Rio das Velhas, em Minas Gerais. A ação estratégica de comunicação organizada intitula-se expedição "Manuelzão Desce o Rio das Velhas", um grandioso evento realizado no ano de 2003.

Nosso percurso iniciará com a apresentação da Bacia Hidrográfica do Rio das Velhas, e uma breve

---

[1] Agradeço imensamente à Luciana Gouveia, Daniel Kleib e especialmente à Luiza Farnese de Paula Lana, alunos do Laboratório NAE Manuelzão, que prestaram fundamental contribuição na realização do Diagnóstico de Comunicação da Expedição Manuelzão Desce o Rio das Velhas. Agradeço também à Marina Torres Pessoa, pela preciosa revisão deste texto, e à Carolina Silveira, pela ajuda no fornecimento de informações sobre o Projeto Manuelzão.

tentativa de recuperação de sua história. Depois, discorreremos sobre o Projeto Manuelzão, seus objetivos, sua estrutura e sua proposta de implementação. Em seguida, apresentaremos a Expedição "Manuelzão Desce o Rio das Velhas", por meio da qual buscaremos descrever suas especificidades e mecanismos, como uma ação estratégica de mobilização social. Por fim, teceremos rápidas considerações sobre a Expedição e o processo de mobilização social, de maneira mais ampla.

Rafael Bernardes, Ronald Guerra e Roberto Varejão, os três caiaqueiros oficiais da Expedição Manuelzão Desce o Rio das Velhas (Foto: Arquivo Projeto Manuelzão)

A Bacia do Rio das Velhas

Com uma localização privilegiada no estado de Minas Gerais, a Bacia do Rio das Velhas representa uma área que abrange 51 municípios – inclusive a capital mineira Belo Horizonte – numa extensão de mais de 30 mil quilômetros quadrados, onde habitam quase 4 milhões de habitantes. Além disso, a bacia faz parte da Grande Bacia do Rio São Francisco, sendo o Rio das Velhas um de seus afluentes mais expressivos.

Na Bacia do São Francisco, o único rio que recebe esgotos de uma grande região metropolitana é o Rio das Velhas – no caso, a região metropolitana de Belo Horizonte – e sua poluição acaba sendo extremamente significativa para a bacia como um todo.

Inúmeros impactos foram provocados na bacia do Rio das Velhas, decorrentes de uma presença predatória do homem, desde o início de sua ocupação. A exploração acentuada de toda a área tem seu início marcado pelos bandeirantes, ainda no período colonial, quando descobriram as primeiras riquezas da região de Minas Gerais. Era dado o início do "Ciclo do Ouro", tendo o Rio das Velhas como um dos principais meios de transporte e abastecimento. Além disso, estas descobertas fizeram nascer os primeiros povoados da região, bem como os primeiros sinais de

Trecho da descida do Rio das Velhas, executado pelos três caiaqueiros do Projeto Manuelzão e por outras pessoas que se juntaram à equipe, durante a Expedição Manuelzão Desce o Rio das Velhas (Foto: Arquivo Projeto Manuelzão)

degradação ambiental, vindos das atividades mineradoras e de garimpo. Com a chegada de grandes empresas internacionais de mineração na região do Velhas e posteriormente com a transferência da capital do estado para Belo Horizonte, já quase no século XX, a bacia sofre um grande impacto, e o rio passa a receber todo o esgoto e lixo urbanos, bem como os rejeitos das indústrias e mineradoras. A concepção do modelo desta "nova" capital mineira acarretou graves conseqüências para toda a bacia do Rio das Velhas, e o crescimento acelerado da cidade acabou por canalizar vários córregos que, gradativamente, foram sendo cobertos por avenidas, recebendo todo o esgoto *in natura*, ou seja, sem tratamento prévio.

De tal modo, um vasto histórico de degradação ambiental trouxe graves impactos para o Rio das Velhas e seus afluentes e sub-afluentes, a partir de um uso social desenfreado e predatório. Como uma tentativa de mobilizar a sociedade para a necessidade de revitalização de toda a área afetada, surge assim, em 1997, o Projeto Manuelzão.

O Projeto Manuelzão e seu histórico

De forma mais específica, o Projeto Manuelzão é um projeto de mobilização social, elaborado na Faculdade de Medicina da Universidade Federal de Minas Gerais, em 1997, e que tem por principal objetivo a revitalização da Bacia Hidrográfica do Rio das Velhas. O nome do projeto surgiu a partir de uma referência ao sertanejo Manuel Nardy, um homem simples, vaqueiro e contador de "causos", que morou grande parte de sua vida na região do Velhas. Manuel Nardy foi imortalizado pelo escritor brasileiro Guimarães Rosa, por meio do personagem Manuelzão, na obra *Manuelzão e Miguilim*, além de ter inspirado o conhecido livro *Grande Sertão: Veredas*. Para o Projeto, a história e a experiência de vida de Manuel Nardy mantêm viva uma época em que o homem e a natureza não conviviam com tantos conflitos, e, justamente por esse motivo, sua figura é capaz de representar a nostalgia de algo bom do passado que pode ser recuperado.

A iniciativa de constituição do Projeto Manuelzão foi de um grupo de professores do Departamento de Medicina Preventiva e Social, por meio de experiências acumuladas, ao longo de vários anos, com a disciplina "Internato Rural". O "Internato Rural" é uma disciplina de caráter obrigatório para os alunos do 11º período do curso de Medicina, chamada hoje de "Internato em Saúde Coletiva". A dinâmica da disciplina funciona da seguinte maneira: no período de três meses, alunos do curso de Medicina residem em municípios do interior de Minas Gerais, conveniados com a UFMG, e têm a oportunidade de vivenciar uma rotina profissional. Dessa maneira, eles trabalham nos postos de saúde das cidades, atendendo diretamente a demandas da população, e são supervisionados regularmente por professores designados. Como grande parte destas cidades é precária em atendimento médico, é possível notar que, muitas vezes, os estudantes são as únicas referencias médicas no local, fato que, segundo os professores, é capaz de lhes fornecer grande experiência pessoal e profissional. Além do

Coleção "Comunicação e Mobilização Social"

atendimento direto, o programa da disciplina prevê o envolvimento dos estudantes na promoção de ações para a melhoria da saúde pública da cidade, fomentando trabalhos de prevenção e de mobilização junto aos moradores.

Foi justamente a partir destes trabalhos que os professores perceberam que somente um atendimento médico não acabaria com os problemas de saúde daquela população, uma vez que, apesar dos moradores serem medicados, as mesmas doenças apareciam de forma regular. Inspirados por várias reflexões sobre a relação entre o meio ambiente e qualidade de vida das pessoas, entendendo "meio ambiente" e "qualidade de vida" não apenas como uma questão de preservação ecológica mas também cultural e política, nasce a ambiciosa proposta de revitalização de toda a área da bacia do Rio das Velhas, por meio do Projeto Manuelzão.

Algumas peculiaridades do Projeto Manuelzão

É relevante notar como o "Manuelzão" apresenta algumas peculiaridades com relação à sua temática e ao seu processo de implementação, que merecem ser destacadas. A primeira delas – e talvez a definidora de todas as outras – é o entendimento proposto com relação à noção de saúde. A saúde não se resume a uma questão de tratamento médico. Ela é entendida, prioritariamente, a partir de uma relação que os homens estabelecem com o *ambiente* em que vivem. Nesse sentido, o projeto defende que é preciso entender a saúde como uma questão de organização social e ambiental, cuja principal questão é como os sujeitos são capazes de gerenciar/modificar/conservar o ambiente em que vivem, a partir de uma *participação pública* e *coletiva*.

O projeto escolheu o Rio das Velhas como o grande responsável por simbolizar a saúde dos indivíduos e sua relação com o ambiente em que se inserem, de maneira mais ampla. De tal sorte, é possível entender uma segunda peculiaridade do projeto: a definição de um *eixo físico* e de um *indicador biológico*. A *água* foi escolhida como o *eixo físico*, representando o grande foco de partida e de direcionamento de suas ações. Para o projeto, a "água" é capaz de espelhar a realidade social, especialmente a condição do meio ambiente, pois, por meio dela, é possível pesquisar os costumes e a vivência daquela população, a poluição produzida e a qualidade de vida. É interessante notar assim o principal motivo pelo qual um projeto, elaborado por médicos, escolheu um rio como o grande centro de suas ações.

Como decorrência deste *eixo físico*, o projeto escolheu *o peixe* como *indicador biológico* das condições da bacia. Nesse sentido, a "volta do peixe ao Rio das Velhas" é o objetivo pontual comum definido pelo projeto. Apolo Lisboa e Marcus Vinicius Polignano (2004, p. 5), coordenadores do projeto, assim colocam:

> Este objetivo é, ao mesmo tempo, simples e complexo, mobilizador, científico e popular. Ele correlaciona todo o complexo sistema natural e social na área de uma bacia hidrográfica. Permite,

Coleção "Comunicação e Mobilização Social"

exige e assegura a possibilidade de êxito de uma ação interdisciplinar, interinstitucional e intersetorial num espaço definido. Isso significa que a questão ambiental não é "propriedade privada" de um setor de conhecimento específico ou local de intervenção de uma instituição definida, é ao contrário, um espaço democrático que requer a solidariedade, o conhecimento e a participação de todos.

Por meio do "peixe", é possível caracterizar a relação que os sujeitos estabelecem com o ambiente ao redor. O peixe representa, portanto, a *saúde*, tanto dos homens em sociedade, quanto do rio e da própria bacia.

Uma terceira peculiaridade do projeto, decorrente de sua própria concepção, é que a causa de revitalização da Bacia do Rio das Velhas foi concebida a partir da reunião de inúmeros temas que pudessem, juntos, representar a complexidade da proposta do projeto. Assim, por um entendimento interligado entre inúmeras questões, foi constituído um *eixo temático*, por meio dos temas *saúde, ambiente e cidadania*, de forma que pudessem representar suas grandes linhas de pensamento e de ação. O *eixo temático* definido pelo Manuelzão tenta, assim, colocar em questão as relações do homem e o meio em que vive de maneira mais abrangente: são tratados temas que vão desde a degradação mais agressiva dos recursos naturais, até a forma como o homem se organiza socialmente, se representa, estabelece suas relações cotidianas com os outros, ganha saúde física e mental e incorpora o papel de cidadão.

Nesse sentido, o projeto propõe a revitalização da Bacia do Rio das Velhas não somente como um problema de solução técnica mas como uma questão de interesse público, acima de tudo político e cultural, que necessita do envolvimento coletivo de todos habitantes.

A implementação e a estrutura do Projeto Manuelzão

Para colocar em prática suas propostas, o Projeto Manuelzão, apesar de ter nascido vinculado ao Internato Rural, ganhou uma estrutura autônoma e apresentou sua causa à sociedade, em toda a área da bacia, caracterizando a revitalização do Rio das Velhas como uma questão de responsabilidade e interesse públicos. A idéia era que o Manuelzão não fosse somente um projeto da Universidade Federal de Minas Gerais mas de todas as pessoas, grupos, entidades – quiçá de toda a sociedade – que tivessem interesse em lutar pela causa da revitalização da bacia. Assim, foi pensada uma estrutura de implementação que permitisse a participação dos mais variados indivíduos e, ao mesmo tempo, mantivesse uma determinada identidade do projeto e da causa.

Nesse sentido, a proposta de atuação do projeto configura-se a partir de um formato descentralizado de gestão participativa. Suas bases operacionais constituem-se por *comitês* locais, instalados ao longo da bacia hidrográfica, ligados a uma Coordenação Central, em Belo Horizonte, com sede na Faculdade de Medicina. A criação do comitê não parte somente da iniciativa da Coordenação Central, sendo possível que um grupo de pessoas se reúna e decida constituir um comitê Manuelzão. O formato do comitê não é rígido, podendo participar o cidadão isolado como também o cidadão representando grupos sociais institucionalizados. Mas como referência de atuação, o projeto vem definindo que um formato ideal para o comitê seria o proposto pela política nacional de gestão de recursos hídricos[2]: a participação em igual peso de representantes da sociedade civil organizada, do poder público, do setor empresarial e de usuários de água (o que não é obrigatório, no caso do Manuelzão, para a constituição dos comitês, mas um modelo ideal de implementação). Por meio do apoio da coordenação central, os comitês autonomamente tentam solucionar e diagnosticar os problemas locais, e promover, pela mobilização social, a participação das pessoas para o fomento às ações locais e à deliberação de propostas para seu âmbito de atuação.

É interessante notar que, inicialmente, os comitês eram criados e sediados nas cidades da Bacia. Assim,

---

[2] A partir da Agenda 21, documento definido e assinado por 170 países durante a Eco 92, no Rio de Janeiro, a legislação brasileira, por meio da Lei n° 9.433, de 8 de janeiro de 1997 – "Lei de águas no Brasil"–, incorporou um novo modelo para a definição de uma política de recursos hídricos no país. De acordo com a lei, a gestão das águas deve visar a utilização múltipla e ser realizada de forma descentralizada e participativa, considerando-se a bacia hidrográfica como unidade de planejamento e de gestão. Para isto, uma das inovações deste modelo é a constituição dos Comitês de Bacia Hidrográfica, que são instâncias colegiadas deliberativas e normativas, compostas pelo poder público, por usuários e por representantes da sociedade civil organizada, responsáveis pela efetivação da gestão descentralizada e participativa. Os comitês são integrantes dos Sistemas Nacional e Estadual de Gerenciamento de Recursos Hídricos e foram criados com a finalidade de buscar, de forma consensual, boas condições de quantidade e qualidade das águas.

tinha-se o comitê de Gouveia, o de Buenópolis, o de Lassance, o de Raposos, dentre outros. Depois, inspirado por uma "lógica hidrográfica", o Projeto entendeu que o mais interessante seria dividir os comitês por micro-bacias. Isso porque um mesmo rio pode atravessar, por exemplo, quatro cidades, que podem se constituir em um só comitê. É dessa forma que, atualmente, os comitês levam os nomes dos subafluentes do Rio das Velhas aos quais pertencem, como o comitê do Rio Maracujá, o comitê do Ribeirão Arrudas, o comitê do Rio Cipó, e assim por diante. Esta opção parte de uma lógica já "criada" pela natureza, orientando e direcionando as ações dos comitês a partir de uma integração dos sujeitos com o ecossistema natural constituído. Para os coordenadores,

> A opção por trabalhar com uma bacia hidrográfica reside no fato de que ela representa uma unidade territorial de diagnóstico, planejamento, organização, ação e avaliação de resultados. A bacia permite integrar natureza e história, ambiente e relações sociais, delimitando uma área e possibilitando que um complexo sistema seja referenciado na biodiversidade dos copos d'água da bacia. (POLIGNANO *et. al.*, 2004, p. 5)

Atualmente, no projeto, existem mais de 40 comitês, distribuídos pelas três regiões do Rio das Velhas: o *Alto Rio das Velhas,* região da nascente, onde estão, por exemplo, as cidades de Ouro Preto, Itabirito e Nova Lima, bem como o trecho mais poluído, próximo a Belo Horizonte, Contagem e Sabará; o *Médio Rio das Velhas,* onde se localizam as cidades de Lagoa Santa,

Santana do Pirapama e Funilândia, dentre outras; e o *Baixo Rio das Velhas*, região da foz, onde estão, por exemplo, as cidades de Augusto de Lima, Lassance e a localidade de Barra do Guaicuí. O interessante é que esta demarcação hidrográfica do rio indica três regiões com características bem diferentes, tanto do ponto de vista sócio-econômico quanto cultural e, com isso, tendem a possuir demandas específicas para serem tematizadas e debatidas publicamente.

Para lidar com a complexidade de sua proposta, e de forma que seu *eixo temático* possa ser adaptado de acordo com a realidade de cada comitê, o Manuelzão elaborou o que ele define como "subprojetos". Os subprojetos representam uma tentativa de direcionamento e contextualização de suas ações para conferir materialidade à causa da revitalização. Dentre os quatorze subprojetos criados, têm-se, por exemplo, os subprojetos: "Manuelzão cuida do lixo" – para executar ações e lidar com questões relativas ao lixo na sociedade; "Manuelzão vai à escola" – para executar ações e lidar com questões relativas à educação ambiental; "Manuelzão faz arte" – para executar ações de mobilização por meio de manifestações artísticas e culturais etc. Como cada subprojeto relaciona-se a um tema específico, os comitês têm a liberdade de se apropriarem das questões que mais aparecem em seu âmbito de atuação, vinculando suas ações pragmáticas de mobilização social à causa mais ampla da revitalização da Bacia do Rio das Velhas.

Assim, por mais que a proposta de implementação do Manuelzão confira autonomia aos comitês e liberdade para ações locais, a idéia é que estes comitês se sintam ligados a um mesmo projeto. De forma simbólica, há um esforço em conferir uma identidade única ao programa, ou seja, por mais que os comitês ganhem formatos e adaptações distintas, eles estão ligados a um projeto que, a partir de uma grande causa, é capaz de uni-los numa luta coletiva. De forma pragmática, o esforço é o de criar determinados mecanismos de gestão, pela Coordenação Central, de forma a gerar um determinado nível de coesão entre as ações do projeto como um todo, dando suporte aos comitês e promovendo visibilidade da causa para diversos públicos.

É assim que, ao longo de sua existência, a Coordenação Central, antes formada por uma secretaria e pelos cinco professores coordenadores do projeto, ganhou nova organização interna, principalmente no sentido de potencializar as ações de mobilização, vinculando-as a um processo comunicativo estratégico. Assim, atualmente, o projeto conta com a seguinte estrutura interna:

• Assessoria de Comunicação: responsável pela elaboração de instrumentos e canais de comunicação entre o projeto e seus públicos, como o "Jornal Manuelzão", o *site* (http://www.manuelzao.ufmg.br), boletins periódicos. A assessoria é também um subprojeto do Manuelzão, intitulado "Manuelzão dá o Recado", e é coordenada pelo professor Elton Antunes, do Departamento de Comunicação Social da UFMG. A proposta é que a equipe seja constituída por quatro estagiários, três com perfil de jornalismo e um de relações públicas. Além das publicações e dos trabalhos dirigidos, a assessoria alimenta constantemente a imprensa da região da bacia de *releases* e informações relevantes sobre o projeto, tanto os principais veículos, com sede em Belo Horizonte, quanto os veículos locais de várias cidades.

- Grupo de Apoio e Suporte aos Comitês Manuelzão – o GASCOM: responsável pela articulação de ações de mobilização, juntamente com a Assessoria de Comunicação, em toda a Bacia do Rio das Velhas. O GASCOM é constituído, atualmente, por cinco mobilizadores, que dividem, entre si, o gerenciamento de ações de mobilização junto aos comitês Manuelzão.

- "Manuelzão vai à Escola": responsável por planejar e executar ações de mobilização social junto a inúmeras escolas das redes pública e privada, ao longo da Bacia, enfocando a temática da educação ambiental[3].

- Biblioteca: responsável por arquivar todas as informações circulantes no projeto, além de realizar empréstimo de livros. Conta com a colaboração de uma bibliotecária.

- Gerência Administrativa e Gerencia Tecno-Política: a primeira é responsável por questões financeiras e de pessoal, e conta com a colaboração de um gerente; já a segunda é responsável por pensar e articular as grandes políticas de mobilização

---

[3] Tem a coordenação do professor Marcus Vinícius Polignano, além de contar com uma equipe formada por duas pedagogas, e estagiários do Curso de Pedagogia da UFMG.

Visões de futuro: responsabilidade compartilhada e mobilização social

do projeto, tanto internas quanto externas, e conta também com a colaboração de um gerente.

- Secretaria Executiva responsável por fazer a ligação entre as duas gerências, e executar as políticas e as práticas institucionais do projeto, ficando por conta de contratos, convênios, questões jurídicas etc. É formada pelos dois gerentes, e por quatro funcionárias, com perfis diversos.

- Setor de atendimento ao público, responsável por atender o público que chega à sede do projeto, na faculdade de medicina da UFMG. Conta com a colaboração de uma funcionária.

- Além da estrutura de suporte às ações de mobilização social, o projeto possui Nuvelhas – Núcleo Interdisciplinar para Revitalização da Bacia do Rio das Velhas, um local onde pesquisadores de vários setores da UFMG realizam estudos sobre o solo, as águas, as matas, o ar, a situação sócioeconômica, a ocupação geoespacial, enfim, sobre vários aspectos envolvidos na revitalização ambiental da Bacia. Os resultados dos estudos são repassados aos públicos do projeto, e potencializados por meio de notícias veiculadas no jornal, site, reuniões periódicas com os comitês etc.

Também durante cinco anos, de 1999 a 2004, o projeto contou com o suporte do Laboratório "Núcleo de Assessoramento e Estratégia (NAE) Manuelzão" do Curso de Comunicação Social da UFMG. Neste laboratório, alunos de Comunicação, coordenados por professores, diagnosticavam e planejavam, junto ao

GASCOM e à Assessoria, ações integradas de comunicação para a mobilização social e formulavam planos e políticas de relações públicas. O NAE – Manuelzão era vinculado ao Mobiliza – Programa Permanente de Estudos em Comunicação para a Mobilização Social, do Laboratório de Relações Públicas Plínio Carneiro – LARP – da UFMG.

É por meio desta estrutura que o "Manuelzão" tenta mobilizar a sociedade para a causa da Revitalização do Rio das Velhas. Assim, desde que surgiu, em 1997, o projeto já realizou inúmeras ações de mobilização social, com inúmeros públicos ao longo da bacia. Protestos locais, concursos em escolas, festas e shows, debates e palestras, dentre outros formatos de ação coletiva, compõem a história de atuação do projeto. Mas nenhuma ação se comparou à expedição "Manuelzão desce o Rio das Velhas", um grande evento de mobilização social, acontecido em 2003, que convocou esforços de todos os comitês para sua realização. Descreveremos, a seguir, a proposta da expedição, os recursos estratégicos elencados, bem como suas especificidades, enquanto uma ação estratégica de comunicação para mobilização social.

A expedição "Manuelzão Desce o Rio das Velhas"

Em linhas gerais, a expedição "Manuelzão Desce o Rio das Velhas" foi uma proposta de percorrer de caiaque o trecho navegável do Rio das Velhas, da nascente até a foz, numa área de aproximadamente 770 quilômetros, durante o período de pouco mais de um mês, de 12 de setembro a 14 de outubro de 2003. Junto ao percurso foram feitas paradas programadas em algumas cidades próximas à calha do rio, e eventos foram organizados, no sentido de tentar difundir a causa da revitalização. Dessa forma, o objetivo foi realizar uma grande mobilização em toda a bacia, numa ação conjunta que pudesse envolver todos os comitês do projeto e a Coordenação Central.

A expedição foi inspirada na trajetória que o pesquisador e escritor inglês Richard Burton[4] fez em 1867, registrada no livro "Viagem de canoa de Sabará ao Oceano Atlântico". Burton relata a aventura de percorrer o Rio das Velhas, e descreve, em detalhes, como se configurava a região da Bacia, em sua época. Inspirados pelo propósito de, no mínimo, comparar a situação atual do Velhas com o quadro descrito por Burton, integrantes do Manuelzão decidiram realizar uma expedição, nos moldes da já realizada no século XIX. Todavia, o mais curioso é que ela não se restringiria apenas ao ato de descer o Rio das Velhas mas também ao de aproveitar o momento para criar uma grandiosa ação de mobilização ao longo da Bacia, chamando a atenção e convocando os sujeitos a se envolverem na causa defendida pelo projeto. Nasceu, portanto, a expedição "Manuelzão Desce o Rio das Velhas".

O grupo partiu da Cachoeira das Andorinhas, onde nasce o Rio das Velhas, na Serra do Veloso, localizada

---

[4] Com uma extensa biografia, Richard Francis Burton, dentre inúmeras experiências, participou da expedição que descobriu as nascentes do Rio Nilo.

no perímetro urbano de Ouro Preto, até alcançar a Vila de Barra do Guaicuí, no município de Várzea da Palma, a 37 quilômetros de Pirapora, onde o Velhas deságua no Rio São Francisco. A Expedição Manuelzão não seguiria o Rio São Francisco até o Oceano Atlântico, como fez Burton, mas também partiria um pouco antes do pesquisador, na própria nascente do Velhas. Três canoeiros, integrantes do próprio projeto, fizeram o trajeto pelo rio, e, por terra, uma equipe de apoio acompanhou o caminho, para suporte aos canoeiros e aos comitês, bem como para registrar toda a experiência.

A proposta de execução da Expedição

Para que fosse possível sua execução, a Expedição contou com um amplo período de preparação. O objetivo era que não somente a Coordenação Central planejasse o evento mas que cada comitê, ao receber os expedicionários em sua cidade, tivesse autonomia suficiente para planejar ações, acionando os sujeitos para se envolver com a Expedição. Dessa maneira, um de seus objetivos foi o de realizar uma ação conjunta com os comitês espalhados pela Bacia. Organizada a partir de vários encontros e reuniões de planejamento, foi elaborado um cronograma, desde a partida na nascente, em setembro, até a chegada na foz, em outubro, no qual ações foram previstas em cada lugar de chegada dos expedicionários, de forma que, com o suporte da Coordenação Central, cada comitê pudesse, em sua cidade, reunir esforços e realizar ações e eventos. Paralelamente à descida, outros eventos também

Visões de futuro: responsabilidade compartilhada e mobilização social

foram planejados, como caminhadas, palestras sobre questões ambientais, técnicas e políticas e bate-papos com os canoeiros, debates em escolas e apresentações artísticas. Assim, congados, cavalgadas, danças, músicas e comidas típicas pretenderam buscar tradições locais, ao mesmo tempo integrando os moradores com o propósito geral do Manuelzão.

De forma a organizar as iniciativas, a expedição e suas ações foram formalizadas em, basicamente, dois documentos, que se entrecruzavam: um "Projeto Geral" do evento, elaborado por coordenadores, professores participantes e outros integrantes do Manuelzão, e um planejamento estratégico de comunicação, denominado "Campanha de Comunicação para a Expedição Manuelzão Desce o Rio das Velhas", elaborado especificamente pela equipe de comunicação do projeto.

O Projeto Geral da Expedição

O Projeto Geral da Expedição, denominado "Expedição Manuelzão desce o Velhas", foi o primeiro documento que formalizou a concepção do evento. Foi assinado pelos professores Apolo Heringer Lisboa, Carlos Bernardo Mascarenhas, Eugênio de Andrade Goulart e Paulo Pompeu, bem como pelos três canoeiros Paulo Roberto Azevedo Varejão, Rafael Guimarães Bernardes e Ronald Carvalho Guerra. Como apontado no projeto, a Expedição se cumpriria com alguns objetivos, tais como: a) fazer comparações entre a situação atual do Rio das Velhas e a situação do rio relatada por Burton; b) levantar reivindicações da população ribeirinha, estimulando a participação nos comitês locais; c) realizar documentação fotográfica, videográfica e escrita de todo o trajeto; d) extrair elementos do folclore e da vida cultural local; e) estabelecer parceria e promover eventos para a abordagem de temáticas locais vinculadas à relação entre saúde, educação, ambiente e cidadania. É interessante notar que, no projeto, a organização da expedição dividia-se em duas fases distintas, uma preliminar e outra da expedição propriamente dita.

A fase preliminar constou de: a) reuniões semanais de organização da Expedição, nas quais aconteceriam as discussões a cerca da própria logística do evento, das parcerias estabelecidas e da divulgação na mídia; b) reuniões semanais de estudos, nas quais seriam promovidas leituras da bibliografia literária, histórica e científica produzida sobre o Rio das Velhas, de forma a subsidiar o lançamento de um livro sobre a Expedição (que será especificado adiante); c) expedições exploradoras iniciais, para tomar conhecimento da região antes da descida dos canoeiros e obter reconhecimento do local e dos trechos do Rio de mais difícil acesso. A fase da expedição, propriamente dita, representa a descida em si do Rio das Velhas. Grande parte do trajeto seria baseada no percurso cumprido por Richard Francis Burton, no ano de 1867.

A campanha de comunicação para a expedição "Manuelzão Desce o Rio das Velhas"

O planejamento estratégico de comunicação, denominado "Campanha de Comunicação para a Expedição Manuelzão Desce o Rio das Velhas", delegou às ações da equipe de comunicação um papel crucial, pois, como consta no documento, seriam responsáveis por dar visibilidade ao evento e a todos os públicos nele envolvidos, além de registrar os fatos ocorridos no período de sua realização. Foi elaborado pela jornalista Marina Torres Pessoa, à frente da equipe no período do evento, pelo estudante de Relações Públicas Frederico Vieza, ex-estagiário e, na época, colaborador do projeto, sob orientação do professor do Departamento de Comunicação Social da UFMG e Relações Públicas, Márcio Simeone Henriques. Após sua elaboração, o restante da equipe de Comunicação tomou conhecimento do plano, por meio do qual foram implementadas todas as ações. O documento da "Campanha" foi organizado sob os seguintes tópicos: *diretrizes, objetivos gerais, públicos, ações de comunicação, estrutura, orçamento, avaliação e cronograma*. Abaixo, foram descritos e/ou transcritos alguns destes tópicos[5]:

Diretrizes:

Foram eleitas como diretrizes para as ações de comunicação da Expedição:

(a) As ações de Comunicação são locais, mas tributárias de uma realidade global: "Todas as atividades desenvolvidas pela Campanha, antes, durantes e depois da Expedição devem estabelecer, sistematicamente, um elo do factual local

---

[5] As partes do texto que se encontram entre aspas representam trechos literais da Campanha de Comunicação para a Expedição Manuelzão Desce o Rio das Velhas (2003).

com o impacto regional e global que as ações da Expedição promovem. Assim, *releases*, matérias, entrevistas e outros produtos não poderão perder este enfoque, da visão do todo da Expedição e de suas intervenções. Quaisquer ações para revitalização do Velhas são consideradas, num âmbito maior, ações concretas para a revitalização do São Francisco."

(b) Os registros da Expedição são multidisciplinares e constituem parte da memória do projeto: "Os produtos de Comunicação deverão ser sempre arquivados e avaliados ao longo da Campanha, para que se preze a unidade de informações coletadas e processadas e uma identidade textual delas. Tudo deve convergir para um registro histórico preciso, sem perder de vista a visão crítica diante dos fatos."

(c) A equipe de comunicação agrega as mais variadas habilidades: "A Comunicação deverá trabalhar com profissionais e estagiários das mais variadas habilitações (Relações Públicas, Jornalistas, Publicitários, Fotógrafos, Cinegrafistas...) para que haja a cobertura mais eficiente do evento e uma otimização das tarefas entre os componentes da equipe."

Objetivos gerais:

Foram eleitos como objetivos gerais das ações de comunicação da Expedição:

(a) Divulgar: "A divulgação dos fatos relacionados à Expedição, de sua programação, resultados e avaliação, dentre outros, estará alicerçada numa integração entre as ações locais e regionais, isto é a diretriz. Portanto, será necessário dar visibilidade ao evento através de produtos e veículos estratégicos, como anúncios publicitários nos meios digitais e impressos."

(b) Mobilizar: "A mobilização é ponto essencial para o sucesso da Expedição. Apenas através de um trabalho anterior ao período do percurso, junto às localidades e seus comitês é que se alcançará a legitimidade pública das ações e o seu reconhecimento pelos moradores que vivem mais proximamente da realidade do Velhas (comunidades e municípios ribeirinhos)."

(c) Informar: "A informação deve se dirigir de maneira qualificada aos públicos a que ela se destina, tornando a ação comunicativa[6] mais eficaz e eficiente".

Públicos:

A classificação dos públicos da Expedição foi baseada num modelo de segmentação aplicável a projetos de mobilização social, definido por Henriques *et. al.* (2004, p. 52), sendo três as grandes categorias de públicos: beneficiados, legitimadores e geradores. O público beneficiado pode ser entendido como todas as pessoas e instituições que se localizam dentro do âmbito espacial qsue um determinado projeto delimita para sua atuação, e serão beneficiados, direta ou

---

[6] Lembramos aqui que, a nosso ver, o termo empregado "ação comunicativa" não se refere ao conceito de HABERMAS (1984; 1997), mas remete ao sentido de ações de comunicação, em seu sentido mais amplo.

indiretamente, pelas ações deste projeto (no caso específico do Manuelzão, a título de exemplo, os beneficiados são todas as pessoas e instituições que se localizam na área geográfica da Bacia do Rio das Velhas). O público legimitador pode ser entendido como todas as pessoas ou instituições que, localizados dentro do âmbito espacial do projeto, não apenas se beneficiam com os seus resultados mas, possuindo informações acerca de sua existência e operação, são capazes de julgá-lo como útil e importante, podendo se converter em colaboradores diretos em qualquer tempo (no caso do Manuelzão, os legitimadores são todos aqueles que, além de se beneficiarem diretamente pela revitalização da Bacia, apóiam e legitimam as ações do projeto). Por fim, o público gerador pode ser entendido como todas as pessoas ou instituições que, localizados dentro do que se define como âmbito espacial do projeto, não apenas se beneficiam com os seus resultados ou dispõem-se a legitimar a sua existência mas efetivamente organizam e realizam suas ações em nome do projeto. (No caso do Manuelzão, os geradores são todos aqueles que, além de se beneficiarem e legitimarem o projeto, realizam algum tipo de ação, por exemplo, nos comitês, em escolas etc.)

Assim, de acordo com esta lógica de classificação dos públicos, foram elencados para a Expedição como públicos específicos:

(a) Beneficiados: População das comunidades, localidades e municípios ribeirinhos por onde passaria a Expedição.

(b) Legitimadores: População das comunidades, localidades e municípios da bacia do Rio das Velhas que, de alguma forma, tivessem a chance de efetivar algum julgamento a respeito da iniciativa da Expedição.

(c) Geradores: Todos aqueles que participariam, direta ou indiretamente, dos eventos que constituem a Expedição.

Ações de Comunicação:

As ações estratégicas se direcionaram tanto aos veículos de massa da Grande Mídia de Belo Horizonte (por meio de *releases* e contatos realizados nas editorias dos principais meios) e aos veículos de massa das cidades da Bacia do Rio das Velhas, quanto a públicos específicos, como os comitês, os moradores das cidades e a mídia local. De forma mais específica, as ações de comunicação foram divididas em:

(a) Veículos de massa: as ações para os veículos de massa tinham como objetivo específico dar visibilidade regional a Expedição e fornecer informações de caráter noticioso. O público principal destas ações seria os beneficiados de toda a bacia que nada sabiam sobre a Expedição, ou se soubessem, não tinham ainda opinião ou julgamento sobre o evento. Foram direcionadas estratégias (por meio do envio sistemático de *releases* antes, durante e após o evento, e contatos realizados nas editorias dos principais meios) para Redes de Televisão, rádios comerciais e jornais e revistas com alcance na região da Bacia do Rio das Velhas. Além disso, foram elaborados boletins informativos específicos para cada região da Bacia do Rio das Velhas. Estes boletins traziam informações detalhadas de cada região para a mídia, relativas, principalmente, a características socioeconômicas e ambientais. A idéia era auxiliar o trabalho de cobertura, caso os agentes da mídia despertassem interesse no aprofundamento de algumas questões. Todos os *releases* e boletins informativos foram publicados no *site* do evento, na seção "Sala de Imprensa".

(b) Informações qualificadas: as ações de informação qualificada tinham como objetivo específico informar sobre a proposta da Expedição e seus eventos, sobretudo de forma explicativa. Estas ações também foram inspiradas na idéia de "informação qualificada", desenvolvida por HENRIQUES *et. al.* (2004): informações qualificadas são informações de caráter técnico e pedagógico que indicam como cada participante de um projeto de mobilização pode atuar em seu cotidiano. No caso da Campanha da Expedição, estas informações representavam como cada pessoa da Bacia do Rio das Velhas poderia participar do evento. O público principal destas ações seria os legitimadores do projeto que ainda não realizaram algum tipo de ação. Assim, foram elaborados produtos específicos que traziam informações qualificadas sobre a Expedição, especialmente o "Guia da Expedição" e o *site* do evento. O "Guia da Expedição"

Visões de futuro: responsabilidade compartilhada e mobilização social

representou uma edição especial do "Jornal Manuelzão", e, além de trazer informações sobre os expedicionários, os comitês, e Richard Burton, publicou o cronograma diário das atividades da Expedição, no qual eram previstos os momentos de chegada e saída dos expedicionários de cada lugar, desde a partida na nascente até a chegada na foz. Isso foi fundamental para orientar as pessoas e convocá-las a participar dos eventos nas cidades. O Guia da Expedição foi anteriormente encaminhado aos comitês para distribuição mas também distribuído durante o evento, junto com a chegada dos canoeiros. O *site*, além de conter informações gerais sobre a Expedição, trazia uma cobertura diária feita pela equipe de comunicação do Manuelzão. As matérias continham relatos objetivos, em formato jornalístico, e também impressões pessoais da equipe envolvida, na seção intitulada "Diário de Bordo". Também as rádios locais, nas cidades da Bacia, foram contempladas na Campanha como importantes veículos de informação qualificada. Foram produzidos, em Belo Horizonte, três *spots* de rádio, com caráter de divulgação. Dessa maneira, foi feito um contato, antes da Expedição, com as rádios da maioria das cidades da Bacia do Rio das Velhas, numa tentativa de veicular os *spots* mas, muito além disso, estimular coberturas mais detalhadas no período de passagem da Expedição na cidade.

(c) Eventos: os eventos tinham como objetivo específico reunir os públicos em ocasiões que reforçavam o imaginário do Projeto Manuelzão, na tentativa de despertar um sentimento de pertença a bacia hidrográfica e de realizar a mobilização *in loco* por sua revitalização. O público principal destas ações seria tanto beneficiados, quanto legitimadores e geradores, mas, com um destaque para os comitês, enquanto público gerador, na execução e concepção destes eventos. Isso porque, como já apontado, além dos documentos oficiais, cada cidade, a partir do comitê, foi convidada a planejar a Expedição por seu modo próprio, de forma que, quando os Expedicionários chegassem, pudessem acionar a população local e realizar ações de mobilização. O interessante foi que, por meio destes eventos, as pessoas não apenas assistiam à Expedição mas também participavam com contribuições específicas de cada lugar, compondo o "todo" e o diferencial do evento.

(d) Apoio: as ações de apoio tinham como objetivo específico promover uma unidade visual ao conjunto de ações da Expedição, para gerar uma identificação coesa dos públicos com as atividades realizadas. O público principal destas ações seria tanto beneficiados, quanto legitimadores e geradores, mas, com um destaque para a Coordenação Central, chamada na Campanha de "gerador institucional", que tinha por dever conhecer, utilizar e zelas pela identidade visual da Expedição. Dessa maneira, foi produzida um marca específica para o evento, em consonância com a marca oficial do projeto, que foi utilizada em todas as peças videográficas produzidas e em camisetas especialmente confeccionadas e vendidas durante o evento. Foram produzidos também alguns materiais impressos de divulgação, principalmente cartazes, faixas e *banners*, disponibilizados em locais públicos que pudessem gerar visibilidade, como a própria UFMG, postos de saúde, escolas, terminais rodoviários, bem como nos locais aonde aconteceriam os eventos.

(e) Estrutura: É interessante também, por fim, notar como a assessoria de comunicação do Projeto Manuelzão se estruturou para realizar as ações de comunicação. Durante a Expedição, a assessoria se dividiu em três equipes: *vanguarda, expedição* e *retaguarda*. A equipe *vanguarda*, constituída por estagiários e voluntários da assessoria de comunicação, tinha o objetivo previsto de chegar aos pontos de passagem da expedição antes dos expedicionários para executar a mobilização local em torno do evento. De acordo com o documento, a equipe tinha como funções: fazer contato com a mídia local, organizar eventos, identificar o ambiente local com as peças publicitárias do Projeto Manuelzão. A equipe *expedição*, constituída pelos navegadores, cinegrafista, fotógrafo, jornalista, pessoas de apoio, tinha como funções realizar e registrar a experiência *in loco*, fazer um diário de bordo, anotar pontos filmados e fotografados. A equipe *retaguarda*, constituída pela equipe da assessoria de comunicação, tinha como função dar suporte necessário às atividades da Expedição que exigiam visibilidade regional, centralizar as informações e repassar à mídia, atualizar o *site* do evento e atender à imprensa, quando necessário.

O Projeto Manuelzão depois da expedição

Certamente a expedição "Manuelzão Desce o Rio das Velhas" foi uma ação ímpar e de grande potência mobilizadora, organizada pelo Projeto Manuelzão. A começar por sua própria concepção: foi uma ação altamente organizada mas inteiramente afinada com um dos principais desafios de qualquer processo mobilizador: permitir a participação dos públicos. Mesmo contendo um projeto e uma campanha de comunicação, elaborados pela Coordenação Central, as estratégias planejadas representaram uma forma de preparar o processo e não de formatar e criar um padrão para a ação coletiva dos comitês. Isso tornou possível que o evento pudesse ser apropriado pelos próprios públicos, permitindo interferência, adaptação e planejamento local, sem que isso prejudicasse seu propósito.

Logo após a expedição, o Laboratório "Núcleo de Assessoramento e Estratégia (NAE) Manuelzão" do Curso de Comunicação Social da UFMG realizou um diagnóstico com a Coordenação Central sobre o evento, e os resultados foram muito positivos. Por meio de entrevistas semi-estruturadas e em profundidade, realizadas com integrantes da Coordenação, buscou-se, dentre outros fins, fazer uma avaliação geral do evento, dando um foco especial às estratégias de comunicação para mobilização social. De forma sintética, é possível destacar algumas rápidas considerações detectadas no diagnóstico, relativas a Expedição:

- Em primeiro lugar, a visibilidade dada ao próprio Rio das Velhas representou um fato de extrema importância para a mobilização; por mais que o projeto já tivesse realizado ações de mobilização, em nenhuma outra foi possível observar o rio como centro das atenções. Isso, segundo os integrantes, é um dos primeiros passos para que a sociedade possa estabelecer uma nova relação com o mesmo;

- A união dos comitês em torno da Expedição representou outro ponto de destaque; foi possível, na visão da Coordenação, gerar identificação com o projeto e com a causa, bem como promover visibilidade e reconhecimento locais ao próprio comitê; a grande participação das pessoas nos eventos em cada cidade também representou um dos pontos mais positivos da Expedição;

- A organização da assessoria de comunicação foi também destaque, mesmo que, por algumas vezes, as equipes de *vanguarda* e *expedição* tenham se misturado ao longo do trajeto.

- Um dos pontos mais problemáticos, segundo alguns entrevistados, foi a dificuldade em se gerar uma identidade visual para a Expedição, durante o evento. A sobrecarga de trabalho para as equipes era constante, e, durante o processo, a preocupação com a identidade visual acabou por ser deixada em segundo plano;

- Não foi possível observar nenhum indício de que, por meio da Expedição, as pessoas tivessem recebido Informações Qualificadas mais detalhadas não somente sobre o evento, mas sobre o Projeto Manuelzão e, de forma mais ampla, sobre a causa de Revitalização da Bacia do Rio das Velhas. Não que isso desmereça a importância da Expedição. Inclusive, pode-se perceber que o evento, em si, ficou bem esclarecido, e com um alto grau de divulgação, principalmente de seus mecanismos de participação. Entretanto, não foi possível avaliar o grau da coletivização de informações mais específicas, sobre como cada público pode fazer para agir no seu cotidiano para ajudar na revitalização da Bacia [por exemplo, de forma mais profunda e sistemática, não foram encontradas informações específicas com relação ao lixo, aos esgotos, às nascentes etc.].
- A divulgação e a visibilidade fornecidas pela mídia de massa regional, bem como as estratégias de visibilidade locais foram decisivas para o evento como um todo.

Realmente, pode-se observar que a Expedição ganhou ampla cobertura na mídia, tanto impressa quanto televisiva. Durante o período em que aconteceu, com regularidade – e quase que semanalmente – algumas das principais redes de televisão de Minas Gerais – Globo,

Bandeirantes, Rede Minas, Rede TV! – incluíram, entre suas matérias, amplas reportagens sobre o evento e sobre o Manuelzão. Além disso, jornais impressos de circulação em todo estado (Hoje em Dia, Diário da tarde, O Tempo) e jornais impressos de circulação restrita às cidades da bacia também publicaram várias matérias e notas sobre o evento. Para se ter uma idéia, a partir de um *clipping televisivo*, realizado por empresa contratada, é possível se ter ao todo, nos jornais diários das emissoras citadas acima, um número correspondente a 35 inserções, numa média de 2 minutos por reportagem, durante todo o período do evento. Além disso, a Expedição se tornou conhecida nacionalmente principalmente graças ao Programa Globo Rural, da Rede Globo de Televisão, cuja equipe acompanhou os expedicionários e realizou um programa especial, nos dias 28 de dezembro de 2003 e 04 de janeiro de 2004. Não houve um controle efetivo das matérias publicadas em mídia impressa, mas nos principais jornais de circulação do estado tem-se conhecimento da publicação de mais de vinte matérias no período.

Certamente, um dos pontos que foram consensuais, para todos os entrevistados durante o diagnóstico, foi a importância da Expedição "Manuelzão desce o Rio das Velhas" para o Projeto Manuelzão. Até então, apesar de atuar sempre na Bacia do Rio das Velhas, o projeto ainda não tinha realizado uma ação que demonstrasse tamanha relevância e demandasse grande envolvimento de todos os seus integrantes. Muitos entrevistados, inclusive, utilizaram a expressão de que é possível observar a existência de dois "Projetos Manuelzão":

um anterior e outro posterior à Expedição. Isso porque, principalmente, o projeto obteve grande visibilidade pública, tornando-se conhecido por um considerável número de pessoas. Isso é decisivo para a continuidade do processo de mobilização do Manuelzão, tanto no que tange a geração de um processo de legitimidade pública ao projeto, bem como a realização e ao impacto de futuras ações para seus públicos de interesse[7].

Cumprindo os seus objetivos iniciais, o Projeto Manuelzão irá publicar um livro que relatará toda a experiência da Expedição. Segundo os organizadores, a publicação terá duas partes: a primeira, contendo o diário de bordo dos expedicionários, incluindo descrições de suas experiências e contrapontos com as observações relatadas por Richard Burton; e a segunda, trazendo ensaios e artigos de diversos autores sobre inúmeros aspectos da bacia, como patrimônio cultural, fauna, flora, qualidade da água etc. A idéia, inclusive, é que este livro possa se tornar uma espécie de "enciclopédia" do Rio das Velhas, contendo, além dos textos, fotos e mapas.

Considerações finais:
A expedição como uma ação estratégica de comunicação para mobilização social

É fundamental que a expedição "Manuelzão Desce o Rio das Velhas" seja entendida como uma ação

---

[7] A assessoria de comunicação do projeto também publicou uma edição especial do Jornal Manuelzão, no mês de dezembro de 2003, somente com matérias sobre a Expedição. Ela traz depoimentos, reportagens e

de comunicação estratégica organizada pelo projeto Manuelzão para tematizar a causa de Revitalização da Bacia do Rio das Velhas. Nesse sentido, é preciso vislumbrar seus mecanismos de articulação e suas especificidades, entendendo seus limites e possibilidades num processo mais amplo de mobilização social. Não tanto com um intuito conclusivo, mas no sentido de ampliar e estimular uma discussão, serão levantadas a seguir algumas rápidas considerações relativas à Expedição e ao processo de mobilização social do Projeto Manuelzão.

Em primeiro lugar, a expedição representou o grande marco das ações de mobilização executadas pelo Projeto Manuelzão, desde que foi concebido. Entretanto, é preciso entender que ela representa um esforço limitado, uma ação que já se passou. E em última análise, somente este evento não seria capaz de gerar vínculos fortes e ideais de co-responsabilidade[8] com a causa do projeto. Estes vínculos são almejados também por meio de esforços permanentes, em encontros rotineiros. Assim, a expedição se configura como uma ação,

---

fotos, e representa uma espécie de "balanço" do evento, que foi tão significativo para o projeto e seus comitês.

[8] Num outro trabalho (BRAGA, HENRIQUES & MAFRA. In: HENRIQUES *et al.*, 2004), discutimos sobre a comunicação como grande responsável pela geração de vínculos entre os públicos e a causa a ser defendida por um projeto de mobilização social. Entendemos que o nível de vinculação ideal a ser alcançado pelos públicos, a partir do estabelecimento de estratégias de comunicação, seria o da *co-responsabilidade*. A co-responsabilidade é alcançada quando os sujeitos se sentem envolvidos no problema, compartilhando e dividindo a responsabilidade por sua solução, entendendo sua participação como uma parte essencial no todo. Ela pode ser entendida por meio da geração de um sentimento de solidariedade.

dentre outras, que teve grande importância, mas que, sozinha, não garante mobilização social.

É possível também considerar o quanto a expedição foi fundamental para demonstrar a efetividade de ações que envolvem os comitês. Por mais que a Coordenação Central organize e seja um lugar de referência institucional para o Manuelzão, os comitês abrigam a presença do Manuelzão *no local*, próximo ao cotidiano das pessoas. Assim, a mobilização social, quando organizada pelo comitê, a partir de seu espaço de atuação [e vinculada à causa mais ampla da revitalização], tende a ser mais efetiva, se estimulada a captar os problemas de acordo com o contexto local. Isso porque, estrategicamente, este processo tenta envolver os públicos a partir da realidade em que vivem, bem como a dotá-los de autonomia e maior participação no processo como um todo.

Por fim, observa-se que o Manuelzão, por meio da expedição, obteve ampla visibilidade, antes jamais alcançada em outras ações. Entretanto, somente a visibilidade e a exposição públicas não são garantias de que os indivíduos se envolvam ou sejam estimulados a participar do Manuelzão, ou mesmo a pensar sobre seus entendimentos e valores com relação ao ambiente em que vivem. Por exemplo, o fornecimento de argumentos, formulados pelo Projeto, acerca de seu entendimento sobre a causa da revitalização, seria fundamental aos indivíduos para o estímulo a um debate público mais amplo, convocando diversos atores a se posicionarem publicamente. Nesse sentido, é

Visões de futuro: responsabilidade compartilhada e mobilização social

relevante e prudente que se possa desenvolver um olhar mais crítico sobre a Expedição. Principalmente porque, por meio desta grandiosa ação de mobilização, é possível apreender questões mais amplas, em especial sobre a relação entre comunicação estratégica, mídia e mobilização social.

Referências

Campanha de Comunicação para a "Expedição Manuelzão Desce o Rio das Velhas". Belo Horizonte, junho de 2003. (*mimeo*)

Diagnóstico do Planejamento de Comunicação da "Expedição Manuelzão Desce o Rio das Velhas". Belo Horizonte, janeiro de 2004. (*mimeo*)

Expedição Manuelzão Desce o Velhas 2003. Belo Horizonte, março de 2003. (*mimeo*)

Guia da Expedição Manuelzão Desce o Rio das Velhas. Belo Horizonte: Projeto Manuelzão, setembro de 2003.

HABERMAS, J. *Mudança estrutural da esfera pública*. Rio de Janeiro: Tempo Brasileiro, 1984.

HENRIQUES, M. S. (Org.) *Comunicação e estratégias de mobilização social*. Belo Horizonte: Autêntica, 2004.

LISBOA, A. H. *Manifesto pelo meio ambiente*. Projeto Manuelzão, 2000. (folheto)

LISBOA, A. H. *Saúde não é problema só de médico*. Informativo do Projeto Manuelzão, Belo Horizonte, ano I, n°2, p. 2, abril de 1998.

POLIGNANO, Marcus Vinícius; LISBOA, Apolo H.; GODINHO, Lísia. *et. al. Gestão e agenda ambiental escolar – bacia do rio das velhas*. Belo Horizonte: Coleção Revitalizar, Projeto Manuelzão, 2004.

TORO, J. B.; WERNECK, Nísia M. *Mobilização social: um modo de construir a democracia e a participação*. Belo Horizonte: Autêntica, 2004.

http://manuelzao.ufmg.br/expedicao/. Acesso em 06 de dezembro de 2004.

http://www.igam.mg.gov.br/. Acesso em 06 de dezembro de 2004.

http://www.medicina.ufmg.br/dmps/internato/. Acesso em 08 de março de 2005.

OS AUTORES

Márcio Simeone Henriques
Relações Públicas, professor do Departamento de Comunicação Social da UFMG, Mestre em Educação pela Universidade Federal do Rio de Janeiro. Organizador do livro "Comunicação e Estratégias de Mobilização Social", coordenador da Coleção "Comunicação e Mobilização Social", da Autêntica Editora.

Nisia Maria Duarte Werneck
Arquiteta, consultora, professora e pesquisadora da Fundação Dom Cabral.

Cláudio Bruzzi Boechat
Engenheiro, consultor, professor e pesquisador da Fundação Dom Cabral.

Leticia Miraglia
Jornalista e publicitária.

Coleção "Comunicação e Mobilização Social"

Desirée Cipriano Rabelo
Jornalista, doutora em Comunicação Social, trabalha na Universidade Federal do Espírito Santo. Membro da Rede de Comunicadores Solidários à Criança, integrando a equipe de capacitadores nacionais.

Ana Cristina Suzina
Jornalista, trabalha na Fundação Boticário para a Conservação da Natureza. Membro da Rede de Comunicadores Solidários à Criança, integrando a equipe de capacitadores nacionais.

Rennan Lanna Martins Mafra
Relações Públicas e Professor. Mestre em Comunicação pela Universidade Federal de Minas Gerais. Co-autor do livro "Comunicação e Estratégias de Mobilização Social".

QUALQUER LIVRO DO NOSSO CATÁLOGO NÃO ENCONTRADO NAS LIVRARIAS PODE SER PEDIDO POR CARTA, FAX, TELEFONE OU PELA INTERNET.

Rua Aimorés, 981, 8º andar – Funcionários
Belo Horizonte-MG – CEP 30140-071

Tel: (31) 3222 6819
Fax: (31) 3224 6087
Televendas (gratuito): 0800 2831322

vendas@autenticaeditora.com.br
www.autenticaeditora.com.br

ESTE LIVRO FOI COMPOSTO COM TIPOGRAFIA PALATINO, E IMPRESSO
EM PAPEL OFF SET 75 G. NA ARTES GRÁFICAS FORMATO.
BELO HORIZONTE, MARÇO DE 2008.